国家出版基金项目
NATIONAL PUBLICATION FOUNDATION

中华传统食材丛书

菌藻卷

总主编 魏兆军 陈寿宏

主　编 章建国

编　委 聂　鹏

合肥工业大学出版社

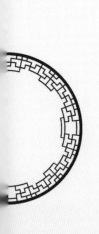

总序

健康是促进人类全面发展的必然要求，《“健康中国2030”规划纲要》中提出，实现国民健康长寿，是国家富强、民族振兴的重要标志，也是全国各族人民的共同愿望。世界卫生组织（WHO）评估表明膳食营养因素对健康的作用大于医疗因素。“民以食为天”，当前，为了满足人民日益增长的美好生活的需求，对食品的美味、营养、健康、方便提出了更高的要求。

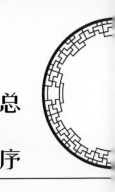

中国传统饮食文化博大精深。从上古时期的充饥果腹，到如今的五味调和；从简单的填塞入口，到复杂的品味尝鲜；从简陋的捧土为皿，到精美的餐具食器；从烟火街巷的夜市小吃，到钟鸣鼎食的珍馐奇馔；从“下火上水即为烹饪”，到“拌、腌、卤、炒、熘、烧、焖、蒸、烤、煎、炸、炖、煮、煲、烩”十五种技法以及“鲁、川、粤、徽、浙、闽、苏、湘”八大菜系的选材、配方和技艺，在浩渺的时空中穿梭、演变、再生，形成了绵长而丰富的中华传统饮食文化。中华传统食品既要传承又要创新，在传承的基础上创新，在创新的基础上发展，实现未来食品的多元化和可持续发展。

中华传统饮食文化体现了“大食物观”的核心——食材多元化，肉、蛋、禽、奶、鱼、菜、果、菌、茶等是食物；酒也是食物。中国人讲究“靠山吃山、靠海吃海”，这不仅是一种因地制宜的变通，更是顺应自然的中国式生存之道。中华大地幅员辽阔、地大物博，拥有世界上最多样的地理环境，高原、山林、湖泊、海岸，这种巨大的地理跨度形成了丰富的物种库，潜在食物资源位居世界前列。

“中华传统食材丛书”定位科普性，注重中华传统食材的科学性和文化性。丛书共分为30卷，分别为《药食同源卷》《主粮卷》《杂粮卷》《油脂卷》《蔬菜卷》《野菜卷（上册）》《野菜卷（下册）》《瓜茄卷》《豆荚芽菜卷》《籽实卷》《热带水果卷》《温寒带水果卷》《野果卷》《干坚果卷》《菌藻卷》《参草卷》《滋补卷》《花卉卷》《蛋乳卷》《海洋鱼卷》《淡水鱼卷》《虾蟹卷》《软体动物卷》《昆虫卷》《家禽卷》《家畜卷》《茶叶卷》《酒品卷》《调味品卷》《传统食品添加剂卷》。丛书共收录了食材类目944种，历代食材相关诗歌、谚语、民谣900多首，传说故事或延伸阅读900余则，相关图片近3000幅。丛书的编者团队汇聚了来自食品科学、营养学、中药学、动物学、植物学、农学、文学等多个学科的学者专家。每种食材从物种本源、营养及成分、食材功能、烹饪与加工、食用注意、传说故事或延伸阅读等诸多方面进行介绍。编者团队耗时多年，参阅大量经、史、医书、药典、农书、文学作品等，记录了大量尚未见经传、流散于民间的诗歌、谚语、歌谣、楹联、传说故事等。丛书在文献资料整理、文化创作等方面具有高度的创新性、思想性和学术性，并具有重要的社会价值、文化价值、科学价值和出版价值。

对中华传统食材的传承和创新是该丛书的重要特点。一方面，丛书对中国传统食材及文化进行了系统、全面、细致的收集、总结和宣传；另一方面，在传承的基础上，注重食材的营养、加工等方面的科学知识的宣传。相信“中华传统食材丛书”的出版发行，将对实现“健康中国”的战略目标具有重要的推动作用；为实现“大食物观”的多元化食材和扩展食物来源提供参考；同时，也必将进一步坚定中华民族的文化自信，推动社会主义文化的繁荣兴盛。

人间烟火气，最抚凡人心。开卷有益，让米面粮油、畜禽肉蛋、陆海水产、蔬菜瓜果、花卉菌藻携豆乳、茶酒醋调等中华传统食材一起来保障人民的健康！

中国工程院院士

2022年8月

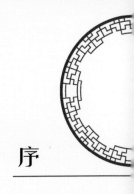

序

食用菌是指能产生大型子实体的丝状真菌，不能进行光合作用，营腐生；食用藻则是原生生物界的一类真核生物，主要营水生，无维管束，能进行光合作用。我国是认识和食用菌藻最早的国家之一，不但有悠久的历史，而且食用的种类和方法之多，也是世界闻名的。菌菇和藻类最初都是被先民当作药物来食用的。两千多年前，庄子在其《逍遥游》中记有“朝菌不知晦朔”之句，而海藻始载于我国现存最早的一部药学专著《神农本草经》中。我国领土幅员辽阔，地形复杂，气候多样，可以满足不同菌藻对生长环境的要求，也因此优势而孕育了丰富的菌藻资源。在我国广泛栽培的食用菌有蘑菇、香菇、草菇、木耳、银耳、平菇、滑菇等7类，此外还有数量巨大的野生食用菌。云南省有“野生菌王国”之称，据不完全统计，其境内的可食用菌菇种类数以千计。目前已知的藻类有3万多种，我国所产的大型食用藻类有50～60种，常见的食用藻主要是海产藻类，如海带、紫菜、裙带菜、石花菜等，淡水藻类不多，有地耳和发菜等。

菌菇类食材中的多糖含量较高，不但能给人体提供营养，促进肠道健康，还可以提高免疫力。藻类是一种补充身体所需的维生素和矿物质的良好食材，它们的碘和维生素A含量尤其丰富，可以加速身体的新陈代谢；藻类还是人体所需的脂肪酸的重要来源，它的单不饱和脂肪和多不饱和脂肪含量非常丰富。很多菌藻因具有特殊的食疗效果，至今仍是中国人食疗方中的主料食材。比如海藻中的海带、裙带菜、羊栖菜等，都有防治甲状腺肿大的功效，金针菇可以补锌益智，香菇补钙强体，猪骨海带汤可以辅助治疗脂肪肝，白糖腌制裙带菜可以治疗慢性咽炎，凉拌鹿角菜可以调理肠胃消化功能等。如今，随着人们健康意识的提升，菌藻因为属于有机、营养、保健的绿色食品，已成为全球菜系中不可或缺的重要组成部分，菌菇和藻类烹饪在有些国家已经成为一门新兴的学科。

本书按同纲、同目、同科的食材排列在一起的原则，收录了常见菌菇和藻类食材31种，每种食材的表述，以一首古诗词开篇，引出物种本源、营养及成分、食材功能、烹饪与加工、食用注意等主体内容，最后以传说故事收篇。主体内容的介绍尽可能通俗简洁，易被不同文化层次的读者朋友接受。另外，本书中提到的松口蘑、发菜、鹿角菜，其野生种较少见，已被列入《国家重点保护野生植物名录》，书中所述食材均为人工培植。希望通过对本书的阅读，读者朋友们既能汲取美食传统文化，也能学习菌藻烹饪技巧。读者朋友们可以根据自身需求，选择合适的菌藻来丰富餐桌、犒劳肠胃、补充营养。

本书的编写，全程得到合肥工业大学食品与生物工程学院魏兆军教授的精心指导，起草工作由合肥工业大学食品与生物工程学院的聂鹏博士完成，后期的修改及付梓得到合肥工业大学出版社编辑团队的协助支持，在此一并表示感谢。

河南大学康文艺教授审阅了本书，并提出了宝贵的修改意见，在此表示衷心的感谢。

由于编者的知识水平有限，书中错误在所难免，恳请广大读者批评指正。

编　者

2022年7月

目录

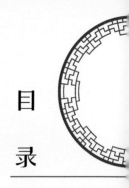

平菇

天下风流笋饼餤，人间济楚蕈馒头。
事须莫与谬汉吃，送与麻田吴远游。

——《约吴远游与姜君弼吃蕈馒头》（宋）苏轼

一、物种本源

拉丁文名称，种属名

平菇（*Pleurotus ostreatus*），为伞菌纲伞菌目侧耳科侧耳属侧耳菌的子实体，又名侧耳、鲜蘑、培养蘑、鲍鱼菇等，以片大、菌伞厚、伞面边缘完整、破裂口少、菌柄短者为佳。主要品种有粗皮侧耳、美味侧耳、晚生侧耳、白黄侧耳、凤属侧耳等。

形态特征

平菇子实体呈覆瓦状丛生或叠生，菇体较大，主要由菌柄和菌盖两部分组成。平菇菌盖为肾形、初扁半球形、后扇形或前喇叭形；菌盖直径为5～21厘米；最初其颜色为蓝黑色，后期逐渐转变为灰白色；平菇菌盖菌肉表面光滑、肥厚，下凹处有白色的茸毛；平菇菌盖下面有从稀疏至稍密、长短不一的菌褶，菌褶在菌柄上方交织为白色的网络状；平菇菌柄侧生，粗而短，其长度一般为1～3厘米，直径为1～2厘米，内实，基部常有白色茸毛。

习性，生长环境

平菇主要分布于中国、泰国、印度、柬埔寨、越南、巴西、巴布亚新几内亚、马来西亚、日本等国。平菇生命力极强，在野生条件下也容易成活和出菇，主要生长在温暖地区阔叶树的枯干和树桩上，在桃树、柳树等经济作物的枯木树干上也能生长。近些年，经过科研工作者的努力，已经培育出草生性平菇栽培品种。

二、营养及成分

平菇是生活中最常见的食用菌，它含有丰富的营养物质。平菇的蛋白质含量几乎比所有的蔬菜作物都高，每100克平菇干品中蛋白质含量有

20～23克，而粗脂肪含量仅为3克左右。平菇子实体，总糖含量为30%～40%，粗纤维含量为10%～20%，灰分含量为10%左右。平菇子实体中氨基酸种类齐全，含游离氨基酸20种，其中8种人体必需氨基酸的含量约为8.4%。平菇味道鲜美主要就是由于其含有的多种氨基酸能够刺激人的味觉器官从而产生鲜味的感觉。平菇富含异亮氨酸、亮氨酸和赖氨酸，而这三种氨基酸在牛奶、大豆中含量非常低，在动植物中赖氨酸和异亮氨酸的含量较低，亮氨酸几乎没有，从是否含有氨基酸的角度来说，平菇要优于牛奶、瘦肉等。平菇含有非常丰富的维生素，此外，还含有钾、钠、钙、锰、铜、锌、硫等微量元素。每100克平菇干品的主要营养成分见下表所列。

总碳水化合物	30~40克
蛋白质	20~23克
粗脂肪	3克
维生素 B_2	7.1毫克
维生素C	4毫克
维生素A	2毫克
维生素E	0.8毫克
维生素 B_1	0.1毫克
维生素 B_6	0.1毫克

三、食材功能

性味 味甘，性微温。

归经 归肝、胃经。

功能 据《食疗本草》记载："补脾胃、除湿邪、祛风散寒、舒筋活络。"平菇，有补脾除湿、缓和拘挛的功效，通过食疗有益于辅助脾胃虚弱、饮食减少、痹症肢节酸痛、手足麻木及拘挛不舒等症状患者的康复。

平菇具有追风散寒、舒筋活血的功效，长期食用可以缓解腰腿疼痛、手足麻木、筋络不通等症状；平菇中的多糖具有抗氧化、清除自由基的作用，平菇提取物可用于缓解四氯化碳所导致的肝、肾、心及脑等的氧化损伤；长期食用平菇，不仅能够改善人体的新陈代谢，还可以降低人体胆固醇和血压。

平菇中含有侧耳素和蘑菇核糖核酸，这些物质具有抗病毒作用，能抑制病毒的合成和繁殖。平菇基本不含淀粉，脂肪含量少，是糖尿病和肥胖症患者的理想食品。平菇对治疗肝炎、慢性胃炎、胃和十二指肠溃疡、软骨病也有一定功效。

平菇中含量最高的两类营养素为叶酸和B族维生素，叶酸能够使贫血症状得到有效缓解，B族维生素则能够使一些因缺乏B族维生素导致的炎症得到治愈，如皮炎、肠炎等。

四、烹饪与加工

平菇可以做成汤类食物，在食用过程中通常采取连汤带菇的方法。鲜平菇子实体含水量高，也可以采用干炒法制作菜品。所采取的炒法为快速炒，在快炒期间无须加入汤或者水，干炒直至平菇熟透为止。为了提高菜品的感官效果，可以在炒制过程中添加适量的大蒜、新鲜辣椒等佐料，还可以根据食用者喜好添加腊肉或火腿等。

平菇蛋花汤

（1）材料：平菇、鸡蛋、植物油、食盐、蒜、香葱、鸡精、胡椒粉。

（2）做法：平菇洗净、去根，撕成小块，备用。鸡蛋磕入碗中放少许盐打匀。蒜去皮切碎，香葱切成葱花备用。炒锅倒适量油烧热，下蒜粒煸炒出香味，放入平菇翻炒一会，倒入一大碗水煮沸，放入盐、鸡精、胡椒粉，慢慢淋入蛋液煮沸，关火撒上香葱即可。

平菇蛋花汤

平菇炒肉片

（1）材料：平菇、猪瘦肉、辣椒、青蒜、大蒜、生姜、生抽、食盐、花椒粉。

平菇炒肉片

（2）做法：将平菇去根后掰开洗干净并沥干，把平菇撕小，用手捏一下，把水分挤出来。将猪肉切成片，加上淀粉混匀。热油下姜蒜爆香，把肉片从锅边沿倒下去，煸炒至肉片发白，加一点生抽翻炒至上色，然后关火盛出。小火烧热底油，加一点辣椒爆香，下平菇进去翻炒，平菇都炒塌了以后加入之前煸炒好的肉片继续翻炒，然后加入适量盐和花椒粉，出锅前撒切好的青蒜段。

五、食用注意

（1）脾、胃虚寒者切勿多食平菇。

（2）痛风患者慎食平菇。服用维生素药物时不宜食用平菇。

八岐岭大蛇与平菇

相传，秦岭山脉山势逶迤，树木葱茏，远望宛如一匹苍黛色的骏马。它有个支脉叫八岐岭，岭下有一条长着八个头、八条尾巴的大白蛇。这条白蛇的眼睛如同青铜镜，背上长满青苔似椴木，头顶侧常常飘着雨云，身躯有如八座山峰、八条山谷般巨大。它非常喜欢喝酒，本来被人们作为水神来崇拜，但每年除要喝酒外，还要乡民献祭一个漂亮的女孩。

一次，黎山老母路过八岐岭，看见八头蛇如此残忍，伤害民女，便摇身一变，变作被献祭的女孩，她对八头蛇说："在吃我之前，你必须喝足酒，不然，我进入肚中，你会很难受。"八头蛇应允了，张开血盆大口让黎山老母灌酒。八头蛇被灌醉后，黎山老母将其杀死。后来八头蛇的身体溃烂，一片片蛇鳞被风吹贴在腐朽的树木上，变成了一片片白蛇鳞似的白平菇。

香菇

官山蘑菇天下无，迸石菌蚕攒宝珠。
阿香执御云中驱，天瓢急注争葩蕍。

——《采蘑菇》（元）袁桷

一、物种本源

拉丁文名称，种属名

香菇（*Lentinus edodes*），为伞菌纲伞菌目光茸菌科香菇属香菇的子实体，又名香蕈、椎耳、香信、冬菰、厚菇、花菇、冬菇、香纹、香菰、香菌。香菇是我国一种著名的食药同源食用菌，是世界上仅次于双孢菇的第二大食用菌。香菇具有一种独特的菇香味，其香味成分主要是香菇酸分解生成的香菇精。

形态特征

香菇菌盖呈圆形，直径通常为5~10厘米，表面呈茶褐色或黑褐色，菌褶弯生，呈白色，菌柄圆柱形或稍扁，呈黄色，中央生或偏心生，内部结实，呈纤维质，一般长3~6厘米，直径为0.5~2.0厘米。

香菇有多种分类方法：依生产季节可分为春生型、夏生型、秋生型、冬生型、春秋生型，其中以冬菇品质为最优；依菌盖直径大小可分为大叶菇（100毫米以上）、中叶菇（60~100毫米）、小叶菇（60毫米以下）；依菌肉厚薄分为厚肉种（12毫米以上）、中肉种（7~12毫米）、薄肉种（7毫米以下）；依出菇温度可分为高温型、中温型、低温型，三者出菇盛期的适宜温度分别为18~22℃，10~18℃及5~10℃。

习性，生长环境

香菇子实体发育温度范围为5~25℃，适温12~17℃，以15℃左右为最佳。香菇属好气性真菌，因此，栽培香菇菇棚要通风良好。

我国香菇的主要产地是安徽、浙江、江西、福建、江苏、湖北、广东、广西、云南、陕西、四川、贵州、台湾等地。现在人工栽培的香菇已扩展到全国各地。

二、营养及成分

据分析，干香菇可食用部分占72%。鲜香菇含水85%~90%，固形物中含粗蛋白19.9%，粗脂肪4%，可溶性无氮物质67%，粗纤维7%，灰分3%。香菇中蛋白质组成不同于其他粮蔬组成，其成分为白蛋白、谷蛋白、醇溶蛋白，三者的比例为100∶63∶2。香菇粗蛋白中谷氨酸含量为27.2%（100克粗蛋白中含27.2克谷氨酸）。每100克香菇干品的主要营养成分见下表所列。

碳水化合物	54克
蛋白质	18.6克
灰分	4.9克
脂肪	3克
磷	415毫克
钙	124毫克
铁	25.3毫克

三、食材功能

性味 味甘，性平。

归经 归脾、肝、胃经。

功能 《日用本草》中记载："治风破血，益气不饥。"香菇，益气补虚、健脾养胃、发麻疹、托痘毒、清热化痰，是体质虚弱、久病气虚、气短乏力、食不香、尿频患者理想的康复食疗补品。

香菇含有多种化学成分，具有调节人体新陈代谢、帮助消化、预防肝硬化、消除胆结石、防治佝偻病等作用。香菇中含有的麦甾醇，可转化为维生素D，它能促进体内钙的吸收，增强人体抗病能力。

（1）增强宿主免疫能力

香菇多糖能够刺激宿主的免疫系统，增强免疫细胞的增殖和分化，特别是T淋巴细胞，从而改善宿主的免疫机能。虽然香菇多糖对人体的自然杀伤细胞（NK细胞）、巨噬细胞等没有明显的激活作用，但是对于巨噬细胞活化因子具有明显的强化作用，能增强腹腔和脾脏的NK细胞活性。除此之外，香菇多糖对于非特异性免疫也有增强的效果，它能够促进B细胞的转化，促进体内抗体的代谢，从而增强体液免疫功能。

（2）抗病毒抗感染作用

香菇多糖对于病毒表面抗原的表达和病毒的逆转录酶活性具有一定的抑制作用，而且其结构与病毒具有一定的相似性，可以加强细胞的修复和细胞膜的稳定性，从而提高细胞的免疫力，抑制病原体的侵入和病毒在体内的复制。但天然香菇多糖只能以宿主为介导，其本身的抗病毒能力比较低。研究表明，香菇多糖硫酸化后对艾滋病毒具有明显的抑制作用。因为香菇多糖可以提高宿主的T细胞和巨噬细胞的功能，因此对于宿主体内的一些寄生虫、李斯特菌等具有抑制作用。同时，病毒会与游离的糖分子相结合，从而达到屏蔽病毒的效果。

（3）抗氧化、抗衰老作用

在体外抗氧化实验中，香菇多糖具有较好的还原力、超氧阴离子自由基清除能力、抗脂质氧化能力和羟基自由基清除能力。以果蝇为对象进行动物实验，研究人员发现喂养其1%的香菇多糖能够使雄性和雌性果蝇的寿命平均延长21.5%和11.24%。在以老鼠为对象的实验中，研究人员发现富硒的香菇干粉能够显著提高老鼠体内的谷胱甘肽过氧化物歧化酶，从而降低其体内的过氧化脂含量。

四、烹饪与加工

制作香菇菜品可以采用干炒的烹饪方法，另外添加适量的葱姜以丰富菜品的风味与滋味。香菇，特别是干香菇，烹饪后具有特别的浓香味。香菇也可以与肉类一起炖汤、红烧，这类汤羹菜肴风味更佳。

香菇焖鸡

（1）材料：干香菇、鸡肉、青椒、红椒、大蒜、姜片、生抽、老抽、料酒、冰糖、食盐。

（2）做法：将鸡肉冲洗干净，控干水分；香菇洗干净，用热水泡开，青椒、红椒切小块。热锅热油，放大蒜爆香，下姜片，接着放鸡肉，翻炒变色，放料酒除腥味，接着放1勺生抽，半勺老抽，翻炒上色，放香菇，翻炒均匀。倒入适量的开水，搅拌一下，放入冰糖，大火烧开后，转小火焖煮，汁收得差不多的时候，放青红椒，翻炒至熟。尝试味道，放适量的盐，即可出锅。

香菇焖鸡

香菇青菜

（1）材料：鲜香菇、上海青、生姜、蒜、葱、食盐、辣椒、蚝油、淀粉、胡椒粉、香油。

（2）做法：将鲜香菇和上海青洗净。将鲜香菇切成碎条状。沸水里放盐放油，将上海青焯一下，摆盘。油下锅，烧热，放葱、姜、蒜、辣椒、蚝油炒香。放香菇翻炒，加入适量的水，放适量的盐，盖上锅盖把香菇煮熟。最后加入水淀粉勾芡收汁，放胡椒粉、香油搅匀，把香菇倒在上海青上即可。

香菇青菜

五、食用注意

（1）香菇性极濡滞，中寒与滞者不宜食用。

（2）痧痘后、产后、病后患者慎食香菇。

传说故事

朱元璋与香菇

相传明朝年间，金陵久旱无雨，明太祖朱元璋下谕吃素求雨。雨未求到，民不聊生，朱元璋也觉得茶饭无味。

适逢国师刘伯温自家乡浙江回到金陵，带来土产香菇，命令御厨浸发后烧好。身怀绝技的御厨精心烹调，用香菇做出了许多道素菜：香菇青菜、香菇焖豆腐、酱炒香菇、香菇盏、香菇糯米南瓜盅，外配香菇竹笋包、西芹香菇小米粥。朱元璋未及下筷，就闻到一阵阵香味，待吃后更觉得这些菜香味浓郁，软熟适口，滋味异常鲜美，连连称赞。随即他又问刘伯温："此菜滋味为何这样鲜美，此物生在何处？"刘伯温便向其讲述了龙泉香菇的一段传奇故事：传说一位名叫香菇的姑娘，为躲避财主迫害逃至荒山，饿昏在地，醒来后吃了这里生长的香菇，不仅恢复了健康，后来还活到百岁以上。从此朱元璋在宫中经常食用此菜，而且还称它"长寿菜"。

后来，太祖下旨把香菇定为岁岁需上献皇家的"贡品"，并敕定香菇为刘伯温国师家乡处州府龙泉、庆元、景宁三县生产的专有产品。

庆元等地自此就把香菇视为"皇上圣品""菜中之王"。对此，民间有"国师献山珍，香菇成圣品，皇帝开金口，谕封龙庆景"之说。

草菇

春雨绵绵春烟浓，草蕈破土春山中。
金丁玉笠进入口，三嚼五嚼生清风。

——《草蕈》（清）喻恒福

一、物种本源

拉丁文名称，种属名

草菇（*Volvariella volvacea*），为伞菌纲伞菌目光柄菇科小包脚菇属真菌草菇的子实体，又名美味草菇、麻菇、秆菇等。

形态特征

草菇的子实体呈伞形，上端的菌盖近钟形，直径为5～19厘米，中部稍凸起，边缘完整，表面有明显的纤毛，近边缘呈鼠灰色或褐色，中部色深，具有放射状条纹，菌肉白色，细嫩。菌盖下表面的菌褶初为白色，成熟后为淡红色，最后变为红棕色。菌盖下面的菌柄近圆柱形，长5～18厘米，直径0.8～1.5厘米，白色或稍带黄色。最下面的菌托呈杯状，边缘不规则地开裂，厚膜质，鼠灰色或灰褐色，基部带黄白色。

习性，生长环境

草菇的人工栽培是我国劳动人民的智慧结晶，早在公元1245年就有栽培草菇的记录。现主要以人工栽培为主，是世界上第三大栽培食用菌。我国草菇产量居世界之首，主要分布于华南地区。近年来，随着育种栽培技术的提高，草菇栽培区域逐步扩展至江苏、浙江、安徽等地区。草菇是典型的热带食用菌，喜高温高湿，其生长需要较高的温度和湿度。

二、营养及成分

草菇中含有丰富的蛋白质、氨基酸、膳食纤维、维生素和矿物质元素，不仅营养价值丰富，还具有清热解暑、养阴生津、降压降脂之功效。草菇味道鲜美，肉质脆嫩，富含营养。每100克鲜草菇含维生素C 206.3毫克，比因富含维生素C而著名的柚、橙、番茄、辣椒都高。草菇蛋白含18种氨基酸，还含有人体必需的8种氨基酸，其中人体必需氨基酸占40.5%～44.5%，被誉为"素中之荤"。目前从该属真菌中已分离得到草菇多糖、凝集素、蛋白、氨基酸、三萜类化合物、甾醇等多种成分。每100克草菇干品的主要营养成分见下表所列。

碳水化合物	45克
粗蛋白	28克
灰分	9克
粗脂肪	1.2克

三、食材功能

性味 味甘，性寒。

归经 归脾、胃经。

功能 草菇在《中国药用真菌》中有这样的记载："消暑、清热、降血压。"草菇，有益肠胃、护肝、化痰、理气的功效，对食欲不振、脾胃失调、咳嗽痰少、头晕乏力等症有食疗促康复的效果。

草菇具有抗坏血症、提高免疫力、加速创伤愈合等功效。此外，它还具有降低胆固醇、解毒的作用，草菇可以阻止体内亚硝酸盐的形成，还有溶解血清胆固醇、降低血压的功能，可作为治疗肝炎的辅助药物。晒干的草菇蕾，能使麻疹早出齐。

现代医学研究还表明，草菇含有异构蛋白，可增强人体免疫机能，预防动脉粥样硬化。草菇培养液具有抑制金黄色葡萄球菌、伤寒杆菌生长的作用。

四、烹饪与加工

草菇口感脆爽，味道鲜嫩。草菇类菜品可以采用爆炒的方法，在爆炒过程中维生素C等不容易被破坏，而且口感很好；草菇适合被加工成汤或素炒类菜品。

爆炒蚝香草菇

（1）材料：草菇、红椒、香葱、生姜、蒜头、蚝油、食盐。

（2）做法：将草菇去根，洗去表面的脏东西，水开后焯水，捞出切对半；将香葱、红椒切段，生姜蒜头切碎。用热油爆香生姜，下入草菇，旺火快炒，然后调入1.5调羹的蚝油，炒均匀。待草菇都裹上一层蚝油时，下入红椒、香葱，翻炒两下，加适量盐，出锅。

爆炒蚝香草菇

草菇烧牛肉

（1）材料：牛肉、草菇、姜丝、料酒、苏打粉、胡椒粉、玉米淀粉、生抽、蚝油、菜油、芝麻油、食盐。

（2）做法：把牛肉切片，放适量生抽、胡椒粉、料酒、苏打粉，抓至肉起粘性，加少量清水继续抓至水被肉吸收，加少量菜油，再抓均匀，静置30分钟或以上。牛肉用中火滑炒后盛起备用，草菇切片备用。取蚝油2汤匙，玉米淀粉2茶匙，芝麻油1/2汤匙和水约1/2杯放在一碗里，搅拌均匀成碗汁。把锅烧热，放菜油2汤匙和姜丝一小撮，姜丝爆香后倒入草菇，加适量盐，翻炒几下。把草菇拨开中间留空位，倒入碗汁，烧至起大泡。倒入牛肉，拌匀即可。

草菇烧牛肉

五、食用注意

脾胃虚寒者不宜多食草菇。

韩湘子与草菇

有一天，韩湘子在天上云游时，路过京城长安上空，只见金銮殿外鼓乐喧天，不时从殿中传来悠扬的丝竹声。他定睛一看，原来是满朝的文武大臣在为皇帝庆寿。席上摆满了龙脑凤肝、燕窝海参、琼浆玉液。韩湘子心中愤愤不平，天下大旱，庄稼颗粒无收，饿殍遍野，民不聊生，作为皇帝不为百姓着想，却如此奢侈铺张。他心想："我何不施点小法术，惩治一下这个昏庸的皇帝呢？"

主意一定，韩湘子就地变作一个化缘的老和尚，手拿木鱼，来到金銮殿前。这边君臣畅饮之际，殿外跑进一个小太监道："启禀皇上，宫外边有一个老僧人求见，说是为皇上祝寿的。"皇帝犹豫了一下，便宣老僧人进殿。一会儿，只见一个身披袈裟、双手合十、鹤发童颜的僧人走了进来。"你这老僧有何礼物要送给朕啊？"皇帝问道。

"寿礼不大，可礼轻情意重啊！"韩湘子说着从袖内取出一个花盆，一包面疙瘩，"此花盆能在一会儿工夫长出蘑菇，贫僧特以此献寿"。说着他用大袖遮住花盆中的面疙瘩，不一会儿，袖子一收，花盆中长出水灵灵未破膜的草菇来。韩湘子让御膳房用草菇做出一道美味可口的下酒菜。皇帝一尝，不禁大喜道："大师好法力啊！不知可还有别的法术没有？"

韩湘子恭恭敬敬地说："皇上莫急，还有一样，待贫僧变来，皇上一定喜欢！"

说着他举手往空中一招，口中念道："美人，美人，快快来！"霎时，七八个美女轻落金銮殿，翩翩起舞。她们个个樱桃小口，人人面若桃花，脉脉含情的眼睛直向皇帝送秋波。

皇帝高兴极了，忙说：“大师，你这礼物朕喜欢极了，你要什么赏赐，尽管说来。”

韩湘子不慌不忙从袈裟袖中取出化缘钵道：“贫僧只要一小钵银子即心满意足了。”

于是，皇帝命人接过韩湘子手中的化缘钵，去国库取银子，可是装了大半天，把国库的银子都快装空了，化缘钵也没有装满。皇帝急得满头大汗，而韩湘子呢，带上化缘钵转眼间不见了，连带来的那些美女也消失得无影无踪。

皇帝大怒，命人四处捉拿韩湘子，而韩湘子把国库的银子用来救济那些穷苦的百姓后，又云游去了，皇帝哪能找到他呢！

茶树菇

深山菌蕈纷贡数，山箨相逢尽筐筥。
儿童归来恣烹煮，脆于熊掌肥于羜。

——《食蕈子》（元）洪希文

一、物种本源

拉丁文名称，种属名

茶树菇（*Agrocybe aegerita*）为伞菌纲伞菌目球盖菇科田头菇属真菌子实体，又名茶薪菇、茶菇、神菇。

形态特征

茶树菇菌柄脆嫩，菌盖褐色，菌柄长6～12厘米，呈浅黄褐色。

习性，生长环境

野生茶树菇产量很低，20世纪90年代初，江西谢远泰育菇专家通过深入研究，成功进行人工栽培。茶树菇出菇温度范围相对较广，生育期也较长。近年来，江西、福建、浙江、湖南等省均已进行规模生产，产量也不断提高，生物转化率可达80%。该菇国内外市场需求量大，是很有发展前景的珍稀食用菌之一。

二、营养及成分

据测定，茶树菇中的蛋白质非常丰富，其中所含的氨基酸种类有18种之多，包括人体所必需的8种氨基酸；在其他10多种非必需氨基酸中蛋氨酸的含量最高，为2.5%。茶树菇富含微量元素铁、钾、钠、锌、硒，还含有B族维生素、葡萄糖等营养成分。每100克茶树菇干品的主要营养成分见下表所列。

碳水化合物	56.1克
蛋白质	23.1克
脂肪	2.6克

三、食材功能

性味 味甘，性温。

归经 归脾、胃、肾经。

功能 《中国药用真菌》中记载："补肾强身，防癌抗癌。"茶树菇，益气开胃，健脾止泻，有利于胃腹胀满、不思饮食及痢疾等症的康复与辅助食疗。

茶树菇含有人体所需的天门冬氨基酸、谷氨酸等多种氨基酸和多种矿物质、维生素等，有滋阴壮阳之功效，具有降压、防衰、缓解小儿低热、美容保健等作用。

四、烹饪与加工

茶树菇主要是取其菌柄进行烹饪，菌柄脆嫩爽口，味道清香。茶树菇既可以用作主菜，也可以用来调味，被烹饪成很多种美食。

茶树菇小炒

（1）材料：猪肉、干茶树菇、青辣椒、红辣椒、姜丝、蒜末、料酒、生抽、菜油、食盐。

茶树菇小炒

（2）做法：茶树菇提前泡水发开，搓干净；猪肉和辣椒切片，待用。锅里下油，用点姜丝把茶树菇轻炒一下，装盘备用。锅里继续热油，把蒜末放进去炒香，再把肉片倒进去，煸出油，然后加料酒，加生抽上色，小炒至熟透，再把茶树菇回锅，把辣椒片一起加进去，翻炒一会，煮一会，加盐调味出锅。

茶树菇鸡汤

（1）材料：土鸡、茶树菇、红枣、枸杞、瘦肉、鱿鱼干、姜片、料酒、食盐。

（2）做法：将新鲜土鸡宰杀好，除杂除油，剁成大块，洗干净。将瘦肉切大块，鱿鱼干泡发剪成丝，加入两片姜，茶树菇泡发，去头，红枣、枸杞洗干净。把鸡肉、瘦肉放入冷水锅中焯水，开着锅盖，水开后，倒进2汤匙料酒，焯2分钟左右，将鸡肉、瘦肉捞出洗干净。把鸡肉、瘦肉、鱿鱼丝、姜片、茶树菇一起放进炖锅，加大半锅冷水。炖煮1.5小时，中间开锅的时候，倒进2汤匙料酒，最后10分钟把红枣和枸杞放进去，加适量盐调味。

茶树菇鸡汤

五、食用注意

因胃热导致消化功能薄弱者慎食。

传说故事

茶树菇的传说

相传，吴越之战中，吴王夫差率兵把勾践打得大败，勾践被迫求和。后来越王勾践被释回国后，发愤图强，准备复仇。对内，他派文种管理国家政事，范蠡管理军事，自己亲自到田里与农夫一起干活，妻子也纺线织布；对外，他用美人计，将美女西施献给吴王夫差，使夫差整天贪恋美色，不思朝政。

他怕自己贪图舒适的生活，消磨了报仇的志气，晚上就枕着兵器，睡在稻草堆上。他还在房子里挂上一只苦胆，每天早上起来后就尝尝苦胆。“卧薪尝胆”的故事就来源于此。勾践的举动感动了越国上下官民，经过十年的艰苦奋斗，越国终于兵精粮足，转弱为强。

而吴王夫差盲目地力图争霸，丝毫不考虑民生疾苦。听信伯嚭的坏话，杀了忠臣伍子胥。这时的吴国貌似强大，实际上已经在走下坡路了。

公元前478年，勾践第二次亲自带兵攻打吴国。这时的吴国已是强弩之末，根本抵挡不住越国军队的强势猛攻，屡战屡败。最后，夫差派人向勾践求和，范蠡坚决主张要灭掉吴国。夫差见求和不成，拔剑自杀了。

西施也圆满完成使命，与范蠡大夫一起回归田园浣纱、采茶，相亲相爱。传说西施行乐品茶之余，将泡后的茶叶渣倒在茶树根上，茶渣久朽后生成了一种菇，这便是茶树菇。

金针菇

粳米沈蒸禾秆熏，崇墉阴屋沤氤氲。
有根亦幻饶青李，无种还生摘紫云。
可杂官厨沾肉味，差同春茗作靴纹。
山中苍石朝阳气，香饭斋期食不贫。

——《南华菌》（清）黎简

一、物种本源

拉丁文名称，种属名

金针菇（*Flammulina filiformis*），为伞菌纲伞菌目口蘑科金钱菌属金针菇的子实体，又名构菌、金针菌、毛柄金钱菌、朴菇、朴菰、朴蕈、浆菌、菌子、金菇、青杠菌、榎菌、增智菇、萱草花菌、萱蕈。长期以来，人们都认为金针菇是野生冬菇的人工驯化栽培种，导致金针菇和冬菇一直使用共同的学名和俗名。经现代生物技术手段考证，在东亚栽培的金针菇与欧洲的金针菇模式种是两个独立的支系，东亚金针菇不再沿用旧式学名*Flammulina velutipes*。

形态特征

金针菇菌褶呈白色或象牙白色，宽广、较稀疏。菌柄细长，呈圆柱状，稍弯曲，色泽黄褐，乳白相间，是主要食用部位。以菌柄色淡、菌盖较小为佳。

金针菇子实体呈丛生状，菌盖朵形较小，直径为1.5~5毫米，幼时呈球形，生长过程中逐渐平展，成熟时边缘呈皱褶向上翻卷状。菌盖呈淡黄色，表面有胶状薄层，鲜品有黏性，干燥时质轻具光泽，菌肉呈米白色，中央厚而边缘薄，菌褶有80~150片，近白色或象牙白色，较稀疏且长短不等，凹生或延生至菌柄。其菌柄中生，圆柱状略弯曲，长度为3.5~20厘米，直径为0.3~1.5毫米，各菌柄基部相连，上部呈淡黄色，下部呈深褐色，表面密生暗褐色短绒毛。

习性，生长环境

金针菇因自身不含有叶绿素，不能进行光合作用，不能产生碳水化合物，只能从培养基质中吸收已有的营养物质，如氮元素、微量元素、糖类及维生素等。金针菇属低温型食用菌，适宜秋冬与早春栽培。

我国金针菇的主要产地有河北、浙江、山西、内蒙古、吉林、黑龙江、江苏、湖南、湖北、广西、甘肃、青海、陕西、四川、云南等省（自治区）。

二、营养及成分

据测定，金针菇含16种氨基酸，其中人体必需的8种氨基酸，占总量的44.5%。由于赖氨酸与精氨酸含量较高（分别为1.09%和1.05%），现代医学研究表明赖氨酸及其衍生物可以增强记忆力，提高学习能力，对缓解阿尔茨海默症十分有益，因此金针菇又被称为“增智菇”。

除此之外，金针菇与其他常见食用菌如黑木耳、冬菇、平菇相比，蛋白质含量高、维生素含量高、膳食纤维丰富、脂肪含量低、总热量低，是一种高营养低热量的健康食品。每100克金针菇干品的主要营养成分见下表所列。

碳水化合物	89.4克
蛋白质	2.7克
粗纤维	1.8克
脂肪	0.1克
磷	1.5毫克
镁	0.3毫克
铁	0.2毫克
钙	0.1毫克

三、食材功能

性味 味咸、微苦，性寒。

归经 归胃、肝、心经。

功能 《食治本草》中记载："利肝脏，益肠道。"金针菇，有利湿热、宽肠胃、利尿、止血的功效，有助于赤涩、乳痈肿痛、血热头晕、耳鸣、心悸、烦忧、吐血、大便下血等症的康复与辅疗。

（1）抗氧化作用

金针菇多糖分为水溶性多糖、碱溶性多糖，二者均有强抗氧化性，对自由基和超氧阴离子均有较强的清除作用，与多糖浓度呈线性正相关关系，且碱溶性多糖的抗氧化作用更强。与茶多酚和维生素C的抗氧化活性相比，同等剂量下，金针菇多糖对羟基自由基和超氧阴离子自由基的清除力更强，此外金针菇多糖对油脂也有抗氧化作用，能有效防止其酸败。

（2）抑菌活性

金针菇不同极性萃取物对大肠杆菌和葡萄球菌等细菌的抑制作用较强，抑菌活性对温度和紫外光等因素稳定，对真菌也有较强的抑制作用，同时金针菇多糖对食品也有保鲜防腐作用。

（3）免疫调节和抗过敏作用

科学实验结果表明，金针菇多糖能促进小鼠脾细胞分泌肿瘤坏死因子-α、干扰素-γ、白细胞介素-2，并且以促进肿瘤坏死因子-α分泌作用最为明显。金针菇多糖也通过调节自身免疫发挥对化疗药物环磷酰胺的增效减毒作用。

（4）增强记忆力

金针菇多糖对氢溴酸东莨菪碱引起的小鼠、大鼠记忆障碍具有有效的治疗作用，可明显提高它们的记忆学习能力，而且疗效优于药物脑复新或与之相当。

（5）其他作用

金针菇具有护肝的作用，此外金针菇也有一定的抗病毒作用。

四、烹饪与加工

金针菇中草酸含量比较高，多食金针菇体内容易产生草酸结石。在烹饪金针菇之前最好放在添加了食盐的沸水中焯一下，以去除部分草酸。

金针菇酸汤肥牛

（1）材料：肥牛卷、金针菇、泡椒、小米椒、黄辣椒、生姜、蒜、葱、胡椒粉、食盐。

（2）做法：将金针菇去老梗，洗净沥水待用；泡椒、小米椒切粒，姜蒜剁碎，葱切末备用。热锅上油，油热后，下姜蒜末、泡椒、小米椒、黄辣椒炒香。加一大碗水，大火烧开后，加少许泡椒水和盐调味，撒上胡椒粉煮10分钟左右。放入金针菇，煮软后捞出装进碗里。再下入肥牛片煮至变色，连汤一起倒进装有金针菇的大碗里。撒上蒜末、葱花，浇上热油即可。

金针菇酸汤肥牛

蒜香金针菇

（1）材料：金针菇、青椒、红椒、蒜米、生抽、蚝油、玉米油、食盐。

（2）做法：将金针菇根部切掉，洗干净后撕碎，挤掉水分。用锡纸包住烤盘的底部，把金针菇平铺放在烤盘里。将烤盘放入烤箱底层，调至上火150℃，下火160℃，烤10分钟。将蒜米带皮拍碎，去掉蒜皮，切

蒜香金针菇

成小颗粒。将青椒、红椒分别切碎，把蒜米、青椒、红椒混合均匀。将生抽、蚝油、玉米油放入小碗里混合均匀，把调味汁倒入辣椒里，混合均匀后撒上盐腌制一会。将金针菇烤熟后取出，倒掉多余的汁水，把金针菇重新放在烤盘的中间位置，把腌制好的调味料撒在金针菇上面。像折口袋那样把金针菇包起来，将烤盘放入烤箱底层，调至上火150℃，下火160℃，烤10分钟。烤熟后取出烤盘，打开锡纸散热，装盘。

五、食用注意

脾胃虚寒、泻痢者勿食金针菇。

传说故事

华佗与金针菇

华佗生活在东汉末年三国纷争时期。当时社会混乱，百姓流离失所，生活困苦。他所行医之处，大多在河南、山东、安徽、江苏一带。有一年，江苏泗阳地区瘟疫流行，死者甚多。华佗行医至此，日夜为人治病，既施药，又针灸，挽救了许多人的生命。

一天，华佗正在为一个垂危的病人扎针，突然，闯进来几个凶神恶煞的魏兵，把华佗拉到门外大声喝道："你就是华佗吧，我们丞相的头痛病又犯了，赶快跟我们走。"华佗不从，魏兵以刀相逼。这时百姓们闻讯赶来，围住魏兵不放。华佗含泪说道："众位父老乡亲，不要难过，我走后，将这一束金针留下，与你们解救灾难吧！"说罢手一扬，一束金光飞向四面八方，在空中飞舞，好似流星追月。

华佗走后的次日清晨，人们发现林海中到处都长出像金针似的植物，叶青青，花黄黄，金灿灿，亮晶晶，清香扑鼻。人们采其花蕾煮水喝下去，慢慢地止住了瘟疫。此后，人们给这种植物取名为金针菇。

金针菇从此一传十、十传百地传遍了全国各地，经过人们的尝试，发现它不仅能治病，还是一道美味佳肴，于是人们把它从野生中栽培出来。

蜜环菌

上品功能甘露味，功在千秋不容毁。
蜜环本是天仙子，会同天麻降兆瑞。

——《蜜环菌》（宋）袁文华

一、物种本源

拉丁文名称，种属名

蜜环菌（*Armillaria mellea*），为伞菌纲伞菌目小皮伞科蜜环菌属真菌蜜环蘑的子实体，又名蜜色环菌、蜜蘑、栎菌、根索菌、根腐菌、榛菇、榛蘑，以菌新鲜、菌托大、质密、微黄色、菌环厚者为佳。

形态特征

蜜环菌根据其发育的不同阶段被分为孢子、菌丝体和子实体三大部分。蜜环菌孢子为无色或淡黄色光滑球形或椭圆形，大小为8～10微米×5～6.5微米。其菌丝初期为白色或无色透明，后期转为红褐色，直径为5～6毫米，可结合成根状物，在树皮下蔓延，充分生长后可形成子实体。蜜环菌子实体丛生，菌盖呈扁半球形，宽4～14厘米，初期为淡黄色，后期转为棕褐色。其菌肉为白色。菌褶稍稀疏，近白色，常伴有褐色斑点。菌柄色同菌盖，长5～13厘米，直径0.6～1.8厘米。菌环在菌柄的上部，呈乳白色。

习性，生长环境

蜜环菌广泛分布于世界热带和温带许多国家的森林地区。蜜环菌还是一种著名的木腐菌，具有较强的木质素分解能力，因此，如果它寄生在活的树根上会引起森林病害，由它引起的根腐病在全球范围内危害600多种木本植物，造成了巨大的经济损失。在我国，蜜环菌主要分布在黑龙江、吉林、辽宁、河南、河北、山西、山东、甘肃、陕西、青海等省。

二、营养及成分

蜜环菌营养丰富，含有许多人体所需的氨基酸及微量元素，并含有倍半萜类、多元醇、酚、有机酸、酯类、甾醇类、黄酮类、嘌呤类、多糖类和脂类等生理活性物质，在医药领域和食品领域中有着极高的药用和食用价值。

据测定，蜜环菌含胡萝卜素，维生素A、B_1，还有尼克酸，微量元素钾、铁、磷、硒等，包含的18种氨基酸，其中有8种是人体所必需的氨基酸。每100克鲜蜜环菌的部分营养成分见下表所列。

膳食纤维	4.3克
碳水化合物	3.9克
蛋白质	2.6克
脂肪	0.1克

三、食材功能

性味 味甘，性寒。

归经 归肝、胃、肺、大肠经。

功能 《中国药用真菌》一书中记载："清目、利肺、益胃肠。"蜜环菌，调气疏肝、和胃止咳，有利于胸中痞闷、腔腹不适、呕吐少食、痰滞等症的辅疗。

（1）对神经系统的作用

据报道，蜜环菌具有催眠、抗惊厥作用，蜜环菌发酵液提取物提高戊四氮引发老鼠癫痫发作的临界值，与天麻水提物作用效果是一样的。蜜环菌多糖对机械旋转引发的眩晕具有一定的疗效。这种化合物摧毁电场诱发的神经性抽搐反应，而大鼠输精管的外源性乙酰胆碱明显降低。

（2）增强机体免疫作用

相关研究发现，蜜环菌多糖有免疫刺激活性。蜜环菌多糖增强体液免疫功能，增加正常小鼠血清血溶素的含量和脾脏血小板细胞的数量，同样在环磷酰胺诱发的免疫抑制小鼠中血清血溶素含量显著增加。蜜环菌多糖还能增强由刀豆球蛋白A诱导的小鼠体外淋巴细胞增殖和正常小鼠腹腔巨噬细胞吞噬活性的清除率。

（3）对循环系统的作用

有学者评估了复合蜜环菌片对椎–基底动脉供血不足的影响。片剂可以降低全血黏度，抗血小板聚集，改善脑的血液供应。蜜环菌菌索多糖中的AMP–1和AMP–2能明显降低由四氧嘧啶诱发的糖尿病小鼠的血糖，而AMP–1能显著改善正常小鼠的糖耐量。此外，据报道，蜜环菌的片剂可以显著降低临床患者的血脂水平。

四、烹饪与加工

蜜环菌生于针叶树或阔叶树树干基部，或与天麻共生，因而具有与天麻同样的功效。熟制的蜜环菌具有榛香味，有人也称蜜环菌为榛蘑、榛菇。东北名菜“小鸡炖蘑菇”用的蘑菇就是干蜜环菌。

蜜环菌红烧肉

（1）材料：蜜环菌、五花肉、冰糖、大蒜、八角、香叶、干辣椒、老抽、豉油、食盐、葱花。

（2）做法：五花肉用水焯一下捞出，放入冰水中冰，蜜环菌用水泡发。

热锅加油，倒入若干冰糖炒成焦糖色，倒入五花肉，将五花肉炒至上色后加入大蒜、八角、香叶、干辣椒，炒香后加入豉油翻炒，如果觉得上色不够可以加点老抽提色。

蜜环菌红烧肉

加水淹没肉，小火慢炖至剩下一

半汤汁时，加入泡好的蜜环菌继续慢炖。

最后大火收汁，加入调料，撒点葱花点缀更好。

小鸡炖蜜环菌

（1）材料：蜜环菌、小鸡、土豆、葱、姜、八角、花椒、酱油、食盐、香菜。

（2）做法：将小鸡洗净后剁成小块，冷水下锅煮开去掉血水和浮末，捞出鸡块，把废水倒掉。将蜜环菌泡发，中间换水两次，洗净杂质和细沙，去掉根把最下面的部分，土豆洗净去皮，然后切滚刀块。热锅倒油，葱姜爆香，加入八角和花椒翻炒两下。然后放入鸡肉块，加少量的酱油、盐翻炒。再加两碗清水用大火烧开，改小火慢炖，加入蜜环菌炖30分钟左右。最后10分钟放入土豆，加少量的盐继续炖，中间翻炒两次。起锅后加少许香菜点缀。

小鸡炖蜜环菌

五、食用注意

过敏者忌食。

传说故事

天麻与蜜环菌的传说

相传，天麻原是天庭瑶池英俊的守卫圣者，整个瑶池别无他者。

一日，蜜环仙子跟随王母娘娘赴瑶池开蟠桃大会。无意中，蜜环仙子飘拂中的束石榴裙的腰带缠到天麻的三尖两刃如意枪柄上，二人彼此一笑生情，一来二往，男女仙神之间免不了暗生情愫。

此事被天庭专司清洁的好事者扫帚星得知，便在王母娘娘面前加油添醋说天麻与蜜环仙子，如何如何不顾羞耻，有违天规，望娘娘能杀一儆百，以振天威！

王母娘娘一气之下，命天庭大力士麻力大仙将天麻与蜜环仙子逐出天庭，发配凡间。而吃醋的麻力大仙接到命令，如获至宝，将天麻与蜜环仙子抓在一起，用手使劲一搓，将天麻与蜜环仙子搓成一个团团扔向人间。

从此，二者成为植物王国里为数不多的相依为命、患难与共、亲密无间、永不分离的情侣，一个是上品中药天麻，一个是美食中的蜜环菌。

黑木耳

蔬肠久自安，异味非所診。
树耳黑垂聃，登盘今亦乍。

——《次刘秀野蔬食十三诗韵（其八）木耳》
（宋）朱熹

一、物种本源

拉丁文名称，种属名

黑木耳（*Auricularia auricula*），为伞菌纲木耳目木耳科木耳属黑木耳的子实体，又名光木耳、云耳、木蛾、耳子、木茸、树鸡、黑菜、木菌、细木耳等。根据寄生在腐朽、阴湿树林品种的不同，生成的品种亦不同，如有桑耳、槐耳、榆耳、柳耳、拓耳、杨栌耳等多个品种，因外形似人耳、颜色呈黑褐色而得名，以细嫩、肉厚、色黑发亮者为上品。

形态特征

黑木耳呈叶状或近林状，边缘波状，薄，宽2～6厘米，厚2毫米左右，以侧生的短柄或狭细的基部固着于基质上。初期为柔软的胶质，粘而富有弹性，以后稍带软骨质，干后强烈收缩，变为黑色硬而脆的角质至近革质。背面外沿呈弧形，紫褐色至暗青灰色，疏生短茸毛。

习性，生长环境

我国对黑木耳的记载已有1000多年的历史，在我国大多数地区均有生产，自古因生长在桑葚、槐、榆、楮、柳树的朽木上为多，故有“五耳”之称。

由于黑木耳具有耐寒、对温度反应敏感的特性，故多分布在北半球温带地区，主要是亚洲的中国、日本等国，其中中国产量较高。

二、营养及成分

黑木耳的营养价值极高，活性物质含量丰富。黑木耳中碳水化合物含量丰富，除此之外，还含有蛋白质与脂肪等基本元素。据测定，黑木耳含有维生素B族，尼克酸，还含钙、铁、铜、镁、锌、硒、磷等元素。

每100克黑木耳干品的部分营养成分见下表所列。

碳水化合物	65.6克
粗纤维	29.9克
蛋白质	12.1克
脂肪	1.5克

三、食材功能

性味 味甘，性平。

归经 归脾、肝、大肠经。

功能 《神农本草经》中记载："益气不饥，轻身强志。"黑木耳有滋润强壮、润肺益气、补血活血、镇静止痛等功效，是中医用来治疗腰腿疼痛、手足抽筋麻木、痔疮出血和产后虚弱等病症常用的配方药物。

黑木耳含有丰富的蛋白质、铁、多糖、钙、维生素、粗纤维，其中蛋白质含量和肉类相当，铁比肉类高10倍，钙是肉类的20倍，维生素B_2是一般蔬菜的10倍以上，对患有肥胖症、高血压、高血糖的病人非常有益。

（1）抗衰老作用

黑木耳多糖是较理想的抗衰老保健品，其会对机体细胞的损伤产生保护，进而在一定程度上延缓组织的衰老。有学者从不同角度对黑木耳提取物对活性氧的清除作用及降低机体受损细胞受损程度的作用进行了验证。他们在实验的过程中发现，黑木耳提取物对动物体内的活性氧等物质的浓度具有调节作用。

（2）抗血栓作用

有学者以雄性大鼠为实验对象，针对黑木耳的抗血栓活性问题进行了实验探究。结果显示，服用一定量的黑木耳多糖后，大鼠血清中总胆固醇和低密度脂蛋白含量会降低，且会增大高密度脂蛋白的含量。

（3）抗凝血作用

黑木耳多糖可抑制凝血酶的活性进而抑制血小板的凝集。研究表明，将0.1毫升浓度为30微摩尔每升的多糖液与0.9毫升兔血混合进行体外实验，凝血时间会变为原来的3倍。

四、烹饪与加工

洋葱拌黑木耳

（1）材料：黑木耳、洋葱、杭椒、食盐、辣椒油、鸡精、生抽、醋。

（2）做法：将杭椒切段，洋葱切丝。黑木耳泡好后焯水1分钟左右。把食材一起放进大碗里，加入盐、鸡精、醋、生抽、辣椒油搅拌均匀即可。

洋葱拌黑木耳

杏鲍菇西兰花炒黑木耳

（1）材料：杏鲍菇、西兰花、黑木耳、虾仁、胡萝卜、姜、蒜、食盐、蚝油。

（2）做法：将杏鲍菇切片，胡萝卜切片，西兰花撕成小朵，黑木耳洗净去沙。将水烧开，把杏鲍菇、黑木耳和西兰花焯水。用热油爆香姜蒜，放入杏鲍菇片、虾仁、胡萝卜片、黑木耳和西兰花，翻炒。放盐和蚝油，炒匀即可。

杏鲍菇西兰花炒黑木耳

五、食用注意

（1）服用维生素药物时不宜食用。黑木耳中含有多种人体易于吸收的维生素，服用维生素时食用木耳可造成药物蓄积。此外，木耳中所含的某些化学成分对合成的维生素也有一定的破坏作用，故服用维生素药物时不宜食用黑木耳。

（2）服用四环素类、红霉素、甲硝唑、西咪替丁药物时不应食用黑木耳。因为黑木耳里所含的钙，可和药物结合成一种牢固的结合物，使营养价值和灭菌作用均会不同程度地减弱；黑木耳中的钙离子、镁离子还可与红霉素等药物结合，延缓或减少药物的吸收。

（3）不应用热水泡发黑木耳。木耳是一种菌类植物，采摘时含有大量的水分，干燥后变成草质，用凉水浸泡发制，水分可缓慢地浸入，能使木耳恢复到生长期的半透明状，发制出的木耳量多、脆嫩，吃起来爽口，也便于存放。如用热水发制，可比冷水发制的量减少1/3左右，且口感绵软发黏。

（4）不应食用新鲜木耳。新鲜木耳含有一种卟啉类光感物质，食用后身体被太阳照射的暴露部位可引起日光性皮炎，出现瘙痒、水肿、疼痛，甚至发生坏死，个别严重者因咽喉水肿还可能发生呼吸困难的症状。新鲜木耳干燥后所含的毒性则消失。

（5）脾虚、消化不良者或大便稀者忌食，对黑木耳及类似真菌过敏者也应慎食。

传说故事

黑木耳叫“树鸡”的传说

很久以前，茫茫大山中有个小山村，村里有个英俊勤劳的后生，他和一位美丽善良的女孩私订终身。但是，山中的一个妖怪也看上了这个女孩。一日，妖怪趁后生不在，将女孩抢走。后生和村民闻讯后追来，妖怪见无处可逃，便将女孩打死藏在一个枯死的树洞里并把树洞封死。妖怪被后生一箭射中跌下山崖死了。

后生找不到自己心爱的女孩，伤心欲绝，守住枯树不肯离去，嘴里不停地叫喊着女孩的名字，泪如雨下。说来也怪，后生的泪水滴在枯树上，树上竟然长出了许多黑黑的像耳朵一样的东西，似乎是那树洞中的女孩听到了后生的呼唤。后来，人们便将这东西叫“木耳”，并将其用来做菜，因用其做的菜味道鲜美，故而人们也叫它“树鸡”。据说，那后生常年守在山上，吃那枯树上长出的木耳，任凭风吹雨淋，竟然百病不侵，以至于长生不老。

时至今日，每逢雨过天晴，山上的一些枯树上，也总能够见到野生的黑木耳。

灵芝

高山石室半空嵌，选取灵芝草尽芟。
法意要修心一等，道情焉用口三缄。
丹砂保重开清境，白发相宜倚翠岩。
曩劫缘中因种在，布衣鹤袖凤来衔。

——《缘识》（宋）赵炅

一、物种本源

拉丁文名称，种属名

灵芝（*Ganoderma lingzhi*），俗称赤芝，属于伞菌纲多孔菌目灵芝科灵芝属物种的干燥子实体，又有瑞草、神芝、仙草、瑶草、还阳草、林中灵、菌灵芝、万年蕈、灵草、赤芝、丹芝、琼珍等称谓。

《神农本草经》记载灵芝有紫芝、赤芝、青芝、黄芝、白芝、黑芝这6种，均被列为上品之药。晋代葛洪的《抱朴子》一书中，把灵芝分成石芝、木芝、草芝、肉芝、菌芝这5类。

形态特征

灵芝菌盖肾形、半圆形或近圆形，直径10~18厘米，厚1~2厘米。灵芝菌盖皮壳坚硬，黄褐色到红褐色，有光泽，具环状棱纹和辐射状皱纹。

习性，生长环境

据统计，我国所产的灵芝有50多种，其中以赤芝为代表。夏秋季生于栎类等多种阔叶树干基部，在热带则能寄生于茶、竹、油棕和可可等经济作物上，罕生于针叶树。

灵芝主要分布于我国浙江、福建、广东、江西、湖南、安徽、贵州、黑龙江、吉林等地。灵芝一般生长在湿度高且光线昏暗的山林中，主要生长在腐树或是其树木的根部。国内已广泛进行人工栽培。

二、营养及成分

灵芝含有多种营养成分：氨基酸、蛋白质、生物碱、香豆精、甾体类、三萜类、挥发油、及糖类、维生素B_1、维生素C，灵芝体内粗纤维比较丰富，子实体中含量有54%~56%。每100克灵芝干品的主要营养成分见下表所列。

蛋白质	2.7克
纤维素	2.1克
碳水化合物	2克
脂肪	0.1克

三、食材功能

性味 味甘，性温。

归经 归肝、胃、肾经。

功能 在《滇南本草》中有所记载："安神、益精气、强筋骨。"灵芝能起到安神益气、强身健体的作用。此外，灵芝还有补肺益肾、健胃健脾，有益于虚劳、咳嗽、气喘、失眠、消化不良等症的食疗和康复。

（1）调节免疫力

现代药理研究已表明，灵芝可极大提高机体内免疫细胞的活性。灵芝能显著促进细胞因子的分泌，并显著影响淋巴细胞固有层中Th17细胞、B细胞、NK细胞和NKT细胞群体，调节免疫细胞的功能。灵芝还可通过下调蛋白Caspase-3的表达水平，抑制T淋巴细胞的凋亡来影响T细胞的免疫作用。

（2）抗氧化作用

灵芝抗氧化作用主要通过影响机体内谷胱甘肽过氧化物酶、超氧化物歧化酶、过氧化氢酶等活性及丙二醛等产物含量，对机体中自由基的水平进行调控，从而达到抗氧化的作用。灵芝还能使抗氧化酶的活性提高，能降低引起脂质过氧化的自由基的含量，最终达到减轻对机体组织中的氧化损伤的目的和抗氧化的效果。

（3）保护肝脏作用

灵芝多糖在临床中已用于慢性肝病的辅助治疗。有研究将灵芝多糖分为高、中、低三种剂量分别喂食脂肪肝大鼠，发现高剂量组能显著降低其总胆固醇、甘油三酯和低密度脂蛋白胆固醇含量，大大降低大鼠脂肪肝中的脂肪含量，改善脂肪肝状态。

四、烹饪与加工

灵芝虫草花排骨汤

（1）材料：灵芝、排骨、虫草花、红枣、枸杞、百合、生姜、食盐。

（2）做法：将百合和灵芝用水清洗干净。排骨冷水入锅，水开后焯水2分钟后捞起来洗干净备用。除枸杞外将所有材料连排骨和姜片一起放进锅里，加适量清水，大火烧开后用小火炖1.5小时。关火前加入枸杞和盐即可。

灵芝虫草花排骨汤

灵芝西洋参石斛汤

（1）材料：灵芝、猪软骨、西洋参、铁皮石斛、玉竹、红枣。

（2）做法：将猪软骨用开水焯一下，捞起来冲洗一下。将所有食材先放锅里煮开。然后将猪软骨放食材里煮开，捞去浮沫，中小火煮1.5小时，最后调味即可。

灵芝西洋参石斛汤

五、食用注意

灵芝对某些慢性疾病有一定的治疗效果，但疗效出现较慢，亦不是什么“长生不老”或“起死回生”的灵丹妙药，不可盲目食用，正如明代医学家李时珍所说，“服食可仙，诚为迂谬”。

九仙山灵芝

从前，九仙山上有一棵神草——灵芝，有时夜间发光，方圆百里内都能看到。别说把灵芝采下，就是能接受它的光照、触一触它的叶片，也能消除疾病，要是采一枚浸上水，能治成千上万人的病。

有一年，九仙山一带瘟疫流行，十人九瘟，人们想起了山上那株灵芝。然而，山峰高耸入云，陡壁悬崖，上山无路，有好多小伙子爬了几步，也都却步而回。

山下王家村有一随父行医的王姓姑娘，年满18岁，善良机灵，名叫灵芝。她眼看父老乡亲一个个病倒在床，心如刀绞，她想：我这行医的，连乡亲们的病都治不了，还有何面目见人？

她告别父母兄弟，带上干粮准备上山。到峰前一看，哪里有路？找了七天七夜，忽然见一白头老翁立在面前，指着一条石缝对她说："这就是通往山顶的必经之道，但要走这条道必须具备三条：一要心诚，二要胆大，三要不回头。"说完，老翁消失得无影无踪，姑娘知道这是神仙指点，就按照老翁说的办了。

这条石缝，就像万丈高空抛下的一根绳索，顺石缝而上，如同登天，稍有闪失，就会粉身碎骨。然而千难万险，都被姑娘要救众乡亲的那颗坚定不移的心排除了。姑娘没有半点恐惧，擎枝扪石，终于爬上顶峰，但找遍了峰顶上的所有沙石草木，也没见灵芝的影子。

这时，她随身带的干粮早已吃尽，山顶上又没有水喝，她饿得蜷伏在一棵柞树下，靠啃树皮充饥，靠树叶上的露水润体，她要等那棵灵芝出现。这样又待了七天七夜，最后灵芝姑娘变成了一株附在树桩上的蘑菇。这棵蘑菇经过日晒雨淋，很快在九仙山繁殖起来，成了今天的灵芝。它不仅救治了当时的人，还世世代代地发挥着神奇功能。

蘑菇

空山一雨山溜急，漂流桂子松花汁。
土膏松暖都渗入，蒸出蕈花团戢戢。

——《蕈子》（宋）杨万里

一、物种本源

拉丁文名称，种属名

蘑菇（*Agaricus campestris*），为担子菌纲伞菌目蘑菇科蘑菇属真菌蘑菇的子实体，又名双孢蘑菇、双孢菇、白蘑菇、洋蘑菇、洋菌、洋茸、西洋菌、西洋草菇、麻菇草、蘑菇草、肉蕈，以颜色洁白、菌褶粉红者佳。

形态特征

蘑菇菌丝为多细胞，有横隔，借顶端生长而伸长，白色，细长，绵毛状，逐渐成丝状。菌丝互相缀合形成密集的群体，称为菌丝体。菌丝体腐生后，浓褐色的培养料变成淡褐色。蘑菇的子实体在成熟时很像一把撑开的小伞。

习性，生长环境

蘑菇以欧洲、亚洲东部、北美洲、澳洲为主要产区。我国福建、广东、浙江、江苏、上海、四川、湖南、湖北、台湾、广西、安徽、云南、贵州等省（自治区、直辖市）皆有生产，其中以福建省产量最多。

在生长过程中，蘑菇主要是将培养料中的各类营养物质作为营养来源，从而实现生长发育。在菌丝生长阶段，蘑菇最合适的温度范围为18~20℃，子实体阶段最合适的生长温度为12~16℃。蘑菇不需要进行光合作用，在实际栽培中不需要接收光照，即便是处于绝对黑暗的环境中，子实体仍会保持原本的生长发育状态。

二、营养及成分

蘑菇是一种高档的菌类蔬菜，味道鲜美，营养价值极高。此外，它还含有丰富的钾、钠、钙、铁、锌、铜、锰、磷和硒等人类必需的矿物元素和微量元素；蘑菇也是维生素 B_2、叶酸、烟酸等维生素的良好来源。每100克鲜蘑菇的主要营养成分见下表所列。

碳水化合物	3克
蛋白质	2.9克
粗纤维	0.6克
脂肪	0.2克
钙	8毫克
磷	6.6毫克
维生素C	4毫克
尼克酸	3.3毫克
铁	1.3毫克

三、食材功能

性味 味甘，性平。

归经 归肠、胃经。

功能 《日用本草》中记载："益气、杀虫、悦神、开胃、止泻、止吐。"蘑菇，补脾益气、润燥、化痰，有助于膨胀饱满、老年体虚、手足拘麻、四肢关节痹痛、咳嗽等症的康复与辅疗。

蘑菇含有蛋白质、多糖，富含人体必需的氨基酸，还含有丰富的矿物质元素、多种维生素及酶类。蘑菇提取液具有明显的镇咳、稀化痰液的作用。

蘑菇的有效成分可增强T淋巴细胞功能，从而提高机体抵御各种疾病的免疫功能，能预防便秘、动脉硬化、糖尿病等。蘑菇中所含的人体很难消化的粗纤维、半粗纤维和木质素，可保持肠内水分，并能吸收余下的胆固醇、糖分，将其排出体外。

经实验证实，蘑菇经日晒后可增加维生素D，之所以有这样的功效，是因为它含有维生素D产物前体——麦甾醇，这种物质在日光照射下会转化成维生素D。所以，蘑菇晒后食用效果更佳。这就提示我们，蘑菇对所有人群尤其是青少年、老年人及妇女等特别需要补钙的人群非常有益。

四、烹饪与加工

蘑菇肉质肥嫩，可鲜吃，也可盐渍储藏，脱盐处理后再食用。蘑菇烹饪的方法很多，可与尖椒、肉片等炒着吃，又可作为烧烤、火锅等食材，还可作为煲汤的材质。

奶油蘑菇汤

（1）材料：蘑菇、培根、牛奶、洋葱、黄油、面粉、糖、胡椒粉、食盐。

（2）做法：将培根、洋葱切小粒，蘑菇切片。锅里放黄油，放入洋葱，加热炒香。炒香洋葱后放入培根，煎出香味，放入少量糖，加入蘑

奶油蘑菇汤

菇煸软。在锅中加入水和牛奶，烧开后转小火。另起一锅放黄油和面粉炒到微黄，将炒好的油面放入汤中用小火继续煮5分钟，期间不停搅拌至油面完全溶入汤中，使汤汁黏稠。最后加少量盐即可出锅，食用时加点胡椒粉味道更好。

干炸蘑菇

（1）材料：蘑菇、鸡蛋、玉米淀粉、食用油、食盐、面粉、孜然粉。

（2）做法：将蘑菇洗净，用手攥干水分，放到砧板上晾一会儿，进一步去除水分。用鸡蛋、玉米淀粉、盐、孜然粉、少许油、少许面粉调成面糊。将蘑菇挂满面糊，放入热油中炸。全部炸好后捞出，待油温升高后再复炸一遍，炸至酥脆即可。复炸过的蘑菇撒上孜然粉即可食用。

干炸蘑菇

五、食用注意

（1）蘑菇性滑，便泄者慎食。

（2）禁食有毒的野蘑菇，如毒伞、白毒伞、豹斑毒伞、红毒菇等。检验蘑菇是否有毒，可将蘑菇与米饭同炒，如饭变为黑色，则此蘑菇一定有毒，不可食用。

(3) 服用螺内酯、氨苯蝶啶及补钾药物时不应食用蘑菇（服用螺内酯、氨苯蝶啶及补钾药物时，可使体内的血钾升高，同食蘑菇会出现胃肠道及心律失常的症状）。

(4) 服用四环素族及红霉素、甲硝唑、西咪替丁等药时不宜食用蘑菇（蘑菇中钙离子含量丰富，四环素族药及红霉素等，药物可和钙离子结合生成不溶性的沉淀物，破坏食物的营养，降低药物的疗效）。

传说故事

神农架与蘑菇的传说

相传，神农尝百草，平均一天之内中毒12次，幸亏他医术高明，每次都能找到解救之法。

一日，他和臣民被一处悬崖峭壁挡住了去路。正在苦思上山的方法时，忽见一只猴子沿着山壁的藤蔓往上攀爬。神农灵机一动，便让臣民砍掉藤蔓，沿着岩壁搭起架子，一天搭一层，整整搭了一年，搭了360层才搭到山顶。传说，后来人们盖楼房用的脚手架，就是学习神农的办法。

神农在山顶上尝出了麦、稻、谷子、高粱能充饥，就叫臣民把种子带回去，让黎民百姓种植，这就是后来的五谷。他带着臣民尝完了一山花草，又到另一座山上去尝。很多年后，神农带着摘到的草药和种子，还有整理的365种草药的药性记录准备下山去，发现上山时搭的木架不见了。原来，那些木头已落地生根，淋雨吐芽，年深月久，竟然长成了一片茫茫林海，已腐朽的木头上长出许多蘑菇。神农品尝蘑菇后安然无恙，就将蘑菇记入了《神农本草经》。

后来，人们为了纪念神农的功绩，就把这一片茫茫林海和长蘑菇的地方取名为“神农架”。

口蘑

口蘑之名满天下，不知缘何叫口蘑。
原来产在张家口，口上蘑菇好且多。

——《口蘑》（现代）郭沫若

一、物种本源

拉丁文名称，种属名

口蘑（*Tricholoma gambosum*），为担子菌纲伞菌目口蘑科口蘑属菌类口蘑的子实体，因产地和品质的差异又有多种称呼，如白蘑、蒙古口蘑、草原白蘑、云盘蘑、银盘。银盘也叫营盘，是口蘑中的上品。

形态特征

口蘑子实体群生，并形成蘑菇圈，中等至较大。菌盖直径17厘米，半球形至平展，白色，光滑，初期边缘内卷。菌肉白色，厚，具香气。菌褶白色，弯生，稠密，不等长。菌柄中生，粗壮，长3.5~7厘米，粗1.5~4.6厘米，基部稍膨大，白色，内实。孢子椭圆形。

习性，生长环境

口蘑是一种分布于我国华北和东北等地区的大型食用真菌，主要分布于内蒙古、河北、黑龙江、吉林、辽宁等地。近十年来，由于环境恶化、人工采摘以及放牧不受控制，目前蒙古口蘑主要分布在内蒙古锡林郭勒、呼伦贝尔等地的草原地带。

二、营养及成分

据测定，口蘑所含营养比较全面，多为人体所需，因而常吃口蘑，可强身健体，少发病，延年益寿。

口蘑脂肪含量仅为干重的1.4%，属于低脂肪食品，可作为代餐食物。口蘑里还有许多微量的矿物质元素。每100克口蘑干品的主要营养成分见下表所列。

蛋白质	35.6克
碳水化合物	23.1克
粗纤维	6.9克
脂肪	1.4克
灰分	1.2克
磷	162毫克
钙	100毫克
烟酸	55.1毫克
铁	32毫克
维生素B_2	2.5毫克

三、食材功能

性味 味甘，性温。

归经 归肺、肝经。

功能 《中国药用真菌》中记载："润肺止咳、平肝益肾。"口蘑，利肝脏、益肠胃、清肺热，有益于肝病、肠胃疾病及外感风寒咳嗽的康复与辅疗。

口蘑所含营养全面，多为人体所需，可增强体质，提高人体的免疫力，有保健功能，是肝炎、痢疾、伤风感冒咳嗽、月经不调、白带过多者的辅助食疗，经常食用口蘑还有利于降低血压及血液中胆固醇的作用，对软骨病康复亦有效。口蘑还具有良好的抗氧化、抗病毒、抗衰老等作用。

（1）抗氧化作用

在生物生命活动过程中会不断产生活性氧自由基，该活性氧自由基在正常情况下处于低水平动态平衡，而当机体内或者机体外受到刺激致使平衡被破坏后，就会对机体造成损伤。抗氧化剂是由机体产生的用于维持平衡的物质，口蘑具有一定的抗氧化作用。

（2）抗病毒作用

最先发现拥有抗病毒的多糖来自海藻，后又相继报导了多种多糖的抗病毒作用，尤其是硫酸多糖。现在在口蘑中发现的多糖也具有这种功效。不同的多糖抗病毒机制不同，有些可以直接杀伤病毒，有些可以抑制病毒吸附进入靶细胞，有些通过干扰病毒生命循环过程，还有通过增强宿主免疫应答和诱导产生免疫因子来消除病毒。口蘑多糖与其具有相似的作用机制。

（3）抗衰老作用

在与衰老斗争的过程中，多糖就作为一种好的药物成分被发现。其中，口蘑多糖能够有效缓解血清的SOD和过氧化氢酶活性下降情况，也可以降低血清中的谷丙转氨酶和谷草转氨酶的活性以及尿素氮和肌酐的水平，小鼠肝脏、肾脏和大脑中的超氧化物歧化酶、谷胱甘肽过氧化氢酶和过氧化氢酶活性有所提高，丙二醛含量显著降低。

（4）其他作用

口蘑多糖还有很多其他功效，诸如免疫调节、抗炎、抗应激等。其中，多糖具有刺激机体免疫细胞活性的作用，从而提高机体免疫力，可促进胃黏膜损伤修复和溃疡修复。

四、烹饪与加工

口蘑产量低，是昂贵的蘑菇之一。口蘑是一种上好的食材，烹饪时不宜用过多的调料，只需用盐、糖调味和红烧酱油调色即可，制作出的菜品色泽红亮，味道异常鲜美。

原汁口蘑

（1）材料：口蘑、黑胡椒粉、食盐。

（2）做法：将口蘑洗干净，放入空气炸锅，150℃烤10分钟。烤好的口蘑，里面是原汁，可以加盐或者黑胡椒粉食用，也可以原味食用。

原汁口蘑

香芹口蘑小炒牛肉

（1）材料：牛肉、口蘑、土豆、胡萝卜、香芹、彩椒、蒜瓣、小米椒、鸡精、生抽、黑胡椒、食盐、料酒。

（2）做法：将牛肉、口蘑切片，土豆、胡萝卜切块，香芹、彩椒、小米椒、蒜瓣，洗净切碎备用。锅里放油烧热，牛肉下锅炒至变色。放

香芹口蘑小炒牛肉

入口蘑、彩椒、蒜末、小米椒一起翻炒，炒一会再放入香芹。最后放入盐、鸡精、生抽调味，出锅前撒少许黑胡椒粉即可。

五、食用注意

一般人都适合食用，尤其适合心血管系统疾病、肥胖、便秘、糖尿病、肝炎、肺结核、软骨病患者食用。

朱洪武与口蘑

朱洪武当牧童时同小伙伴们一起偷吃了老财主的牛，把牛尾巴插在山缝里，编了一个犍牛钻山缝的故事欺骗老财主。老财主要去找朱洪武算账，又一想，和他算账得不到便宜，可是又不肯罢休，就让朱洪武和他一起做贩牛的生意。

老财主买了一群牛，正往回赶的时候，遇到下雨。他俩在草原上转了三天，干粮都吃完了，总算看到了一个蒙古包。老财主叫朱洪武在外边看着牛群，自己进去讨吃喝去了。

老财主吃饱后，来到朱洪武身边说："小牛倌，你偷吃了我的牛，插个牛尾巴捉弄我，今儿个该罚你啃骨头。"说完，扔下几块干巴巴的羊骨头就进了蒙古包。

朱洪武人穷志不短，再饿也不会啃骨头，几脚就把骨头踩碎了，用烂泥草把骨头给埋了。

雨停了。他身边的草地松动起来，一块块都被拱裂了缝。他把拱起的土块轻轻扒拉开，见下面是一个个又白又圆的东西。他抠出来一闻香喷喷的，咬一口鲜嫩嫩的，吃完了还想吃。他自言自语说："这蘑蘑菇菇的东西真有意思，我来到张家口，将你充饥入我口，两口合一口不就成了'口蘑'了吗。"

老财主幸灾乐祸地来到草滩想看朱洪武窘迫的样子。没料到，他看到朱洪武正拿着洁白如玉的口蘑大快朵颐。老财主大惊，疑惑地问："你手里拿的是什么？"

朱洪武说："口蘑。"

"这口蘑是谁给你的？"

朱洪武得意扬扬地说："刚才来了俩人，一个叫天灵，另一个叫地精，他俩见我饿了就送给我一圈口蘑。"

老财主采了一袍子口蘑，放进羊肉汤里煮开。这汤刚一开锅，一股奇异的香味飘满整个蒙古包，老财主一连吃了八大碗，撑得肚子都圆了。

牧民见到草原上有如此吉祥之物惊奇万分，虔诚地合掌道：“小牛倌，这口蘑比牛肉还香，怎么种它才能长呢？”

朱洪武想说实话又怕扫了他们的兴，便煞有介事地说：“仙人告诉我，口蘑是救苦救难的食物，只要止恶行善做好事，再把吃剩下的骨头肉汤倒在草地上敬献土地爷，苍天下雨的时候就会赏你们一地口蘑的。”

牧民听罢，向天空作揖祈祷，高兴而去。从此，牧民对汉人更真诚热情起来。朱洪武的话也真的兑现了，每当草原上下完一场雨，太阳一出就长出一圈圈又香又嫩、又能治病的口蘑来。

那老财主呢，再也不敢欺侮小牛倌了。朱洪武把牛赶回关南之后，就出家当了和尚。

野蘑菇

露浸原野菌蕈香，饥庶何曾半季粮。
回归天然方怀古，效法当年朱元璋。

——《读野菇的传说》（现代）
陈学高

一、物种本源

拉丁文名称，种属名

野蘑菇（*Agaricus arvensis*），为担子菌纲伞菌目伞菌科蘑菇属真菌野蘑菇的子实体，又名野草菇（生在草丛）、麦野菇（生在麦地）、木野菇（生在林地）、野油菇等，以表面近白色，干燥，平滑，边缘早期内弯，后平伸，菌肉厚，白色，柔韧，菌褶离生，稠密者为佳。

形态特征

野蘑菇，菌盖半球形，中凸，后期微平展。径6~8厘米。盖表光滑，干燥；后期微有龟裂，盖中央或具不明显的小鳞片，呈白色、乳白色或乳黄色，紧压后微呈黄色，菌肉白色。味微甘，略具茴香味。菌褶密而离生，呈初白色，成熟后呈粉红色、深咖啡色。柄柱状，近等粗，中端与盖缘衔接处层外具絮状环膜，呈白色或乳黄色，脆而易碎。担孢子4枚，椭圆形，壁光滑，呈浅褐色至深褐色。

习性，生长环境

野蘑菇一般在雨后生于山坡、草原或旷野草丛中。野蘑菇在我国的江苏、安徽、浙江、福建、河北、山西、内蒙古、青海、新疆、云南、贵州等省（自治区）均有产出。

二、营养及成分

经测定，在20多种野生鲜蘑菇中，其所含维生素B_1、B_2、C、E及微量矿物质随产地变化而变化，氨基酸等物质含量变化也亦然。每100克鲜野蘑菇的部分营养成分见下表所列。

碳水化合物	3.3~4.4克
蛋白质	2.6~4.1克
膳食纤维	1.5~3克
脂肪	0.1~0.2克

三、食材功能

性味 味甘，性温。

归经 归脾、胃经。

功能 《中国药用真菌》："舒筋活络，近风散寒。"野蘑菇，味甘性温，对养肝、护肝、明目、醒脾、养颜、生津等功能有促进作用，对舒筋活络功效颇好。中成药"舒筋散"的原料之一就是野蘑菇。

野蘑菇有提高人体免疫功能和健肤的作用，经常食用野蘑菇对血液循环系统帮助极大，可降低血压和血液中的胆固醇，并对预防肝炎和软骨病有一定的帮助。

四、烹饪与加工

食用野蘑菇前将野蘑菇放入盐水中用中火煮10分钟左右，一定要煮透，不然容易食物中毒。只可加时间不要减时间。

烤野蘑菇鹌鹑蛋

（1）材料：野蘑菇、鹌鹑蛋、白胡椒粉、食盐、玉米油。

（2）做法：挑选边缘完整的野蘑菇，洗净、摘去菌柄；往野蘑菇中加入适量白胡椒粉、食盐、橄榄油，轻轻用手抓匀，放置8~10分钟；野

烤野蘑菇鹌鹑蛋

蘑菇菌盖倒置，将鹌鹑蛋打入野蘑菇中，一起放在180℃烤箱中烤6~8分钟，出炉。

野蘑菇老鸡汤

（1）材料：散养老母鸡、野蘑菇干、食盐。

（2）做法：野蘑菇干用水泡发，洗净、撕碎；老母鸡宰杀、洗净、切大块；炖盅里加适量饮用水，放入鸡块，大火烧开转微火慢炖2小时，放入野蘑菇，继续炖半小时，加食盐，出锅。

野蘑菇老鸡汤

五、食用注意

（1）体质过敏者忌食野蘑菇。

（2）野蘑菇可药用，能祛风散寒、舒筋活络，不可多食。

朱元璋与野蘑菇

明朝开国皇帝朱元璋，在安徽皇觉寺当小沙弥之前，因家境贫困，就到财主家帮工。他年纪虽小，但担水劈柴、烧饭洗衣，几乎无所不做。他做事很勤快，颇得长工们喜欢，因此，长工们尽量照顾不让他干重活。后被财主知道很不满意，就让他放牛，朱元璋常因农忙牛吃不饱草，被财主和管家刁难、毒打，有时还不让吃饭。

有一次，因未喂饱牛，财主两天没给他吃饭。朱元璋实在饥饿难忍，就偷了财主家的一个破汤罐，在沟边草草砌了一个灶台，又从荒原草丛中捡来野蘑菇，放在汤罐里煮得半生半熟，连汤夹水吃下去充饥。此事又被管家发现，告诉财主，财主赶来将汤罐打得粉碎，三天没给他饭吃，还让他去放牛。

据说，当年的朱元璋能识得20多种野生蘑菇，他在南京登基做大明第一代皇帝后，还经常派人到荒山野外采摘野蘑菇品尝怀旧。

鸡枞

借问真游趣，殊途何一家。
白蚁伴栎鸡，同为餐中花。
拜别西王母，白狐去天涯。
食却鸡枞蕈，弹子散林鸦。

——《食鸡枞》（清）
陈旭斋

一、物种本源

拉丁文名称，种属名

鸡枞（*Termitomyces albuminosus*），为担子菌纲伞菌目伞菌科蚁巢伞属鸡枞菌的子实体，又名鸡脚菇、鸡肉丝菇、鸡腿蘑菇、伞把菇、豆鸡菇、白蚁菇、鸡菌、蚁鸡、桐菇、三堆菌等。

习性，生长环境

鸡枞生长的特点是与土栖白蚁共生，有白蚁巢的地方才有鸡枞，因此又有白蚁菇、蚁鸡之称。鸡枞主要产于西南地区和台湾省，其中以云南产的鸡枞最为有名，而以青皮鸡枞和黑皮鸡枞的味道最好，以蒜头鸡的质量为最佳。主要分布于江苏、福建、台湾、湖南、广东、广西、四川、贵州、云南等省（自治区）。

二、营养及成分

据测定，鸡枞中的氨基酸含量多达16种。此外，鸡枞还含麦角甾醇。每100克鸡枞干品的主要营养成分见下表所列。

碳水化合物	42.7克
蛋白质	28.8克
脂肪	3.7克
磷	750毫克
钙	23毫克

三、食材功能

性味 味咸、微苦，性寒。

归经 归胃、肝、心经。

功能 《食治本草》中记载："利肝脏，益肠道。"鸡枞，有利湿热、宽肠胃、利尿、止血的功效，有助于赤涩、乳痈肿痛、血热头晕、耳鸣、心悸、烦忧、吐血、大便下血等症的康复与辅疗。

鸡枞含有较多的维生素B_1，可刺激胃肠蠕动，促进食物排空，增进食欲，并有安神的作用。鸡枞还有高钾低钠的特性，故有利尿以及帮助高血压、肾炎病患者康复的作用。专家研究结果还表明，鸡枞是儿童保健增智、老年人延年益寿、成年人增强记忆的必需食品，故人们称其为"超级食品"，亦称其为"增智菇""一休菇"。

（1）抗氧化作用

鸡枞多糖分为水溶性多糖、碱溶性多糖，二者均有强抗氧化性，对自由基和超氧阴离子均有较强的清除作用，与多糖浓度呈线性正相关关系，且碱溶性多糖的抗氧化作用更强。与茶多酚和维生素C的抗氧化活性相比，同等剂量下，鸡枞多糖对羟自由基和超氧阴离子自由基的清除力更强，此外鸡枞多糖也对油脂有抗氧化作用，能有效防止其酸败。

（2）抑菌活性

鸡枞不同极性萃取物对大肠杆菌和葡萄球菌等细菌的抑制作用较强，抑菌活性对温度和紫外光等因素稳定，对真菌也有较强的抑制作用，同时鸡枞多糖对食品也有保鲜防腐作用，但是进行硫酸化和乙酰化结构修饰后其抑菌活性降低。鸡枞抑菌肽对大肠杆菌有较强抑制作用，相对分子量在260.9～2538.6范围内。

（3）增强记忆力

研究人员分别对雄性小鼠和大鼠进行明暗箱试验和水迷宫试验，考察鸡枞多糖对记忆力的影响，结果显示鸡枞多糖对氢溴酸东莨菪碱引起的小鼠、大鼠记忆障碍具有治疗作用，可明显提高它们的记忆学习能力，而且疗效优于脑复新或与之相当。

（4）其他作用

鸡枞具有护肝的作用，研究人员以四氯化碳诱导建立急性肝损伤小鼠模型，考察鸡枞多糖的护肝作用及机理，发现鸡枞多糖可以显著抑制由于肝损伤所致的谷氨酸转氨酶活性的升高，从而防止肝细胞坏死。此外鸡枞也有一定的抗病毒作用。

四、烹饪与加工

鸡枞自身味道鲜美，烹饪鸡枞无须过多调味料，可以选择一些比较清淡的加工方法，比如凉拌、做汤、清炒等。

油炸鸡枞

（1）材料：新鲜鸡枞、菜籽油、红辣椒、大蒜、食盐。

（2）做法：鸡枞、红辣椒、大蒜切片。菜籽油倒入锅中进行炼油，去除生油味。倒入蒜片炸至焦黄，再倒入红辣椒一起炸，红辣椒炸至微卷，连同油一起捞出放盆里待用。锅里倒入少量菜籽油，油烧开后倒入鸡枞翻炒；等鸡枞水分被炒干后，倒入大蒜红辣椒油，放盐，继续翻炒，炒到鸡枞变焦便可起锅。

油炸鸡枞

凉拌鸡枞

（1）材料：鸡枞、小米椒、葱花、生抽、老抽、蒜末、陈醋、麻油、香菜。

（2）做法：将鸡枞洗干净，灼熟，过冷水，沥干水，待用。将蒜、小米椒、香菜、葱花切粒，加入生抽、陈醋、麻油搅拌，然后用勺子压一下。搅拌均匀后放0.5~1小时后吃，更入味。

凉拌鸡枞

五、食用注意

过敏者忌食。

鸡枞与白蚁

相传，原来天上有十个太阳，被后羿射杀了九个，剩下的一个吓破心胆，一直躲在山后不敢露面，这对众黎民百姓可不是一件好事。没有阳光，万物不能生长，百姓就没有吃的和穿的。

太阳有一个好朋友——白公鸡，白公鸡经常唱歌给太阳听，帮太阳排解忧愁，消除孤独。躲在山后的太阳很听白公鸡的话，只要白公鸡一叫，太阳就会慢慢地升起来。

但太阳一出来，白狐狸精就犯了愁。白狐狸精修炼千年，一直藏身在佛光寺院内的栎树洞里，与白蚂蚁为伍。日子一久，白狐狸精喜欢上了佛光寺小沙弥了空，在漆黑的夜晚，她会脱骨幻化成肤白貌美的女子，偷偷潜入小沙弥了空的房间。

魑魅魍魉是喜阴暗怕阳光的。太阳一出来，白狐狸精和了空的情事就会暴露在光天化日之下。所以白狐狸精对白公鸡一直怀恨在心，千方百计想除掉白公鸡。

一天，白狐狸精对了空和尚撒娇："我想喝口鸡汤，你何不去把叫晓的白公鸡给我捉来煮了？"了空和尚喜爱白狐狸精，因此，只要白狐狸精一撒娇，便言听计从。凭着他的功夫，不费吹灰之力，便将白公鸡捉来交给了白狐狸精。白狐狸精接过白公鸡，把血吸尽，甩给白蚂蚁做巢。天长日久，白公鸡和栎树的根一起新陈代谢，腐变，长出了美味的鸡枞菌。而现在叫太阳出来的是色彩斑斓、高冠长尾的大红公鸡了。

红菇

林润春雨沐和风，大山深处月子红。
呵护珍稀迫眉睫，切忌味美不惜铜。

——《护红菇》（现代）司徒劳功

一、物种本源

拉丁文名称，种属名

红菇是对红菇属（*Russula*）物种的统称，隶属于担子菌纲红菇目红菇科红菇属，大多数红菇可食用，少数具有毒性，国内用作食材的红菇以正红菇（*R. griseocarnosa*）为最佳。

形态特征

红菇子实体通常较大，表层呈鲜艳红色，里层菌肉为白色或灰色。菌褶呈白色，褶间有横脉，成熟衰亡后转为乳黄色。红菇菌盖直径为3～15厘米，初生菌盖呈扁半球形，此后逐渐展平，中心突出部分出现下凹。红菇菌柄为白色，长3.5～5厘米，直径0.5～2厘米，菌柄一侧或基部略显珊瑚红色，质地松软或中实。

习性，生长环境

红菇是外生菌根真菌，需要和活体植物共生，目前尚未实现人工栽培，但是红菇在全球范围内都有分布，已报道的红菇有300多种，我国有记载的90余种。国际上，红菇分布于美国、日本、朝鲜和俄罗斯等国；国内，除了上海和澳门两地外，其余省份均有记载，主要分布于辽宁、河北、安徽、江苏、福建、云南、广西等省（自治区），尤以产于福建闽西莆田、粤东梅州一带的红菇最为出名。每到雨水较多、气温适宜的夏秋季节，在植被类型多样、表层营养物质丰富的林间腐殖质层就会生长出呈单丛、散生或小区域群生的野生红菇。

二、营养及成分

红菇营养丰富，尤以游离氨基酸、甾醇含量突出。据测定，干红菇中粗蛋白含量超过25%，总氨基酸含量接近15%，蛋白质中近半数含量为必需氨基酸。在红菇主产区有食用红菇滋补身体的习俗。福建正红菇含有油酸、亚油酸等28种脂肪酸，16种氨基酸，总氨基酸中必需氨基酸超过一半，多糖含量也较高，此外还含有较丰富的维生素B、C以及麦角固醇、抑菌活性物质。每100克红菇干品的主要营养成分见下表所列。

碳水化合物	50.9克
蛋白质	24.4克
脂肪	2.8克

三、食材功能

性味 味甘，性温。

归经 归肺、胃、肾经。

功能 明代李时珍《本草纲目》记载："红菇味清、性温、开胃、止泻、解毒、滋补，常服之益寿也。"红菇补虚养血、滋阴、清凉解毒，可用于治疗贫血、水肿、营养不良、产后恶露不尽、关节痛、手足麻木、四肢抽搐等症。

红菇味甘性温，含有大量生物活性成分，如红菇多糖、麦角甾醇、有机酸、酚类等，其子实体提取物在调节生长、增强免疫力、降血糖、抗氧化等方面具有良好的功效。除此之外，正红菇色素也具有特殊用途，正红菇色素有黄色素与红紫色素两大类，其中黄色素不受温度与pH值影响，可广泛应用于食品工业中，受温度与pH值影响较大的红紫色素可应用于经巴氏消毒及非碱性食品。

（1）抑菌活性

有学者曾利用超声波辅助的方法提取红菇水溶性多糖，并测定红菇多糖的抑菌活性。结果表明，红菇多糖对细菌具有明显的抑菌活性，而且革兰氏阴性菌比革兰氏阳性菌更敏感，多糖抑菌机理为杀菌，对菌体细胞无溶解能力；但是这些多糖对酵母菌和霉菌无抑制效果。

（2）免疫增强性评估

研究者以水提法获得正红菇菌盖和菌柄多糖，使用小鼠巨噬细胞RAW264.7评估红菇多糖提取物的免疫活性。结果显示，两种多糖均能显著促进RAW264.7细胞的增殖，且随着多糖浓度的增加呈现上升趋势；不同部位红菇多糖提取物刺激RAW264.7细胞产生一氧化氮的量各不相同，但都表现出了一定的剂量依赖性，随着多糖浓度的增加RAW264.7细胞产生一氧化氮的量呈上升趋势，这间接反映红菇多糖可以发挥非特异性免疫作用。

（3）抗疲劳作用

运动医学专家用红菇子实体提取液对小鼠进行灌胃饲喂3周，之后测定小鼠的乳酸脱氢酶、游泳力竭时长、肝糖原含量等指标，发现饲喂红菇多糖的小鼠相较于对照组小鼠，其负重游泳时长有显著增长，肝糖原含量提升明显，乳酸脱氢酶水平明显较低。红菇提取液对小鼠机体的疲劳有促进消除的效果，并且能够增强小鼠机体运动负荷的适应能力，能够促进抵抗疲劳能力的强化。

四、烹饪与加工

红菇被称为“南方红参”，民间早有用红菇蕾炖汤治疗儿童泄泻、增强产妇身体恢复效果的偏方。日常烹饪时，在菜肴中添加一些红菇，不但能够提升感官搭配的效果，还能够增加汤汁的鲜甜度，使得汤水的味道更佳。红菇不仅是天然增鲜剂，还是良好的天然色素，烹饪高手往往会使用红菇达到画龙点睛的神奇功效。

烹饪红菇的方法很多，传统食补食材如鸡、鸭、猪肚等均可与红菇一起炖煮。红菇煮汤很好喝，但要注意的是，不能将红菇干炒或放在锅里闷烧。大多数的干红菇烹调方法，都离不开泡发红菇的步骤。红菇几乎都是从野生环境采摘，菇脚会有泥沙等杂质。干菌泡发前，先剪去菇脚带泥沙部分，根据需要切片或丝，放入容器，加清水没过菇面，稍微搅拌，然后静置让杂质沉淀。红菇的红颜色属于天然色素（有人认为是花青素之类的物质），长时间的炖煮会让红颜色变暗。因其红色素不稳定，所以干红菇应放置于干燥阴凉处，如放在光线充足的地方红菇干品会出现褪色现象。

红菇豆腐汤

（1）材料：红菇、豆腐、猪油、鸡精、葱、食盐。

（2）做法：干红菇去根，泡发洗净后撕成小块备用。豆腐洗干净，切成0.5厘米见方的小块。锅里放足量的水，煮沸，将浸泡洗净的红菇放入沸水中煮5分钟。再将豆腐放入沸水中，文火一起炖10分钟，最后放上食盐、猪油、葱花、鸡精，起锅（也可加入适量淀粉勾芡增加口感）。

红菇豆腐汤

红菇炖鸡

（1）材料：1年生老母鸡半只，干红菇8～10只，生姜，食盐。

（2）做法：将鸡身洗净剁成块；红菇流水冲洗去浮杂，不要浸泡；生姜切丝。鸡肉焯水后放入一个大盆中，加水没过鸡肉少许，下入姜丝，大火炖半小时转文火炖半小时；将红菇放入炖好的鸡汤中，再继续炖十分钟。加适量盐即可食用。

红菇炖鸡

五、食用注意

（1）红菇不宜多食，烹饪时最好加入少量生姜以缓解食用后可能出现的不适。

（2）红菇属中少数种类有毒，我国已发现13种有毒红菇，其中亚稀褶红菇有剧毒，会导致横纹肌溶解症，其他品种会引起不同程度的腹泻，但不致命。

传说故事

红菇治瘟疫

叶天士，清代江苏吴县（今江苏苏州）人，为康熙、乾隆年间名医。自十四岁父亡后，十多年间，他先后从师17人之多，汲取众人之长，终成一家之言，医名远播，名震四方。连康熙皇帝也感激他治好了自己的搭背疮，御笔亲题“天下第一”的匾额赐给他。因他一生治愈过不少奇疾怪症，连神仙都慕名而来，变做一个平常人请叶天士诊断。叶天士号罢脉后，说了八个字：“六脉调和，非仙即怪。”羞得那神仙仓皇逃遁。

一次，叶天士下乡巡诊至程家庄，夜宿一户，探知户主家畜禽皆亡而人亦染疾。叶天士诊断为畜禽瘟疫波及户主，便叫程家庄上的户主友邻去深山采红菇煨水，连服三天。户主们一试，果然灵验，人畜服红菇水后疾愈疫散。叶天士开此先河，以红菇水驱散瘟疫。

冬菇

似花似伞自殊常，摘入篮中颗颗香。
味重不容众亲口，自古空门煮菜汤。

——《冬姑》（元）张炳鸿

一、物种本源

拉丁文名称，种属名

冬菇（*Flammulina velutipes*），为层菌纲伞菌目白蘑科口蘑属真菌冬菇的子实体，又名毛脚金钱菌、金钱菌、黄耳菌、冻菌，以中心下凹、边缘极薄、表面黏滑、稍具光泽、菌肉菌褶呈白色或象牙白者为佳，菌盖肉质，宽2~7厘米。

形态特征

冬菇呈扁半球形，后渐平展，往往不正形；盖面湿时甚黏，呈淡黄褐色或黄褐色，中部深肉桂色，边缘乳黄色，无毛，平滑；盖缘初时内卷，后为波状或上翘。菌肉较厚，呈白色或稍带黄色，味美。菌褶弯生，密至稍稀，幅宽，不等长，呈白色至乳白色或稍带黄色。菌柄长5~8厘米，粗5~8毫米，圆柱形，表皮脆骨质，内部纤维质，基部松软，往往伸长似假根并紧靠一起，顶部呈黄色，向下有密的黄褐色至深黑褐色短绒毛。孢子印白色。囊状体少，散生，梭形至棒状。

习性，生长环境

冬菇分布于河北、山西、内蒙古、吉林、江苏、湖南、广西、陕西、甘肃、青海、四川、云南等省（自治区）。

二、营养及成分

据测定，冬菇中含有多种氨基酸，还含有胡萝卜素、尼克酸、维生素E及微量元素磷、铁、硒等。每100克干冬菇的主要营养成分见下表所列。

碳水化合物	29克
蛋白质	15.5克
脂肪	0.6克

三、食材功能

性味 味稍咸，微苦，性寒。

归经 归肝、肾经。

功能 《中国药用真菌》中有记载："利肝脏，益肠胃。"冬菇，有补脾益气、护肝功能，有助于脾胃虚弱、肝部不适、营养不良、面色萎黄、身体瘦弱等症状的康复。

冬菇含有多种氨基酸和维生素，特别是其所含的维生素E对抗衰老、预防高血压、保护肝脏、治疗肠胃道溃疡、强身健体有积极促进作用；因其含有精氨酸和赖氨酸，学龄儿童食之可以有效地增加身高和体重。

四、烹饪与加工

鲜冬菇不如干冬菇味道鲜美，冬菇烘干后也更耐储藏，干冬菇做汤、炒菜皆可。

加工干冬菇菜品之前需要用温水浸泡复水并清洗。当菇体泡透发软后，用手或筷子按同一方向搅动，避免用手反复抓洗或来回搅动，以防损坏菇体外观，流失营养成分。

冬菇酱

（1）材料：冬菇、洋葱、葱、姜、花椒、生抽、豆豉油辣椒、食盐、鸡精。

（2）做法：冬菇洗净，去掉根部，稍微焯水。葱切段，姜切片，准备好花椒备用。冬菇挤去水分，切碎备用；洋葱切末备用。锅内放适量油（比平时炒菜多些），烧热后放入葱、姜、花椒炸香，将炸过的葱、姜、花椒捞出丢掉。将洋葱放入油锅翻炒出香味。倒入香菇末翻炒，香菇末均匀地沾上油后，加入两勺生抽炒匀。加入一勺豆豉油辣椒，酌情加入盐和鸡精调味，即可。

冬菇酱

鲜鸡汤枸杞炖冬菇

（1）材料：老母鸡汤、冬菇、枸杞子、青菜、食盐。

（2）做法：冬菇洗净，摘菌柄、剥表层的菌衣，用菜刀交叉打花。取老母鸡汤适量放入炖锅中，加入冬菇、枸杞子，大火烧开，保持微沸20分钟，放入青菜，打开锅盖煮10分钟，放入食盐，出锅。

鲜鸡汤枸杞炖冬菇

五、食用注意

冬菇性寒，脾、胃虚或长期泄泻者慎食。因为干冬菇是干制品，食用前必须浸泡和清洗。浸泡和清洗冬菇要注意方法，否则会降低冬菇的营养价值和食用风味。

传说故事

冬菇与商船老板

传说，很久以前，有一个专卖冬菇的商人，带着上等的冬菇，坐商船从天津海港出发，南行去上海。冬菇气味香浓，虽然包装严实，但一路上香气依然四溢而出，引得海中的鱼虾成群结队，绕船而行，久久不肯离去。

船老板觉得稀奇，就焚香祭拜，还是不见效果，又担心鱼群围聚过多，会造成翻船事故，于是愿意拿出重金，在旅客中征求能驱赶鱼群的良策。这个贩运冬菇的商人意识到是自己托运的冬菇的香气吸引了众多鱼虾，认为发财的机会来了。一方面大肆宣传冬菇的食用价值，鲜冬菇嫩滑香甜，干冬菇美味可口，香气横溢，烹、煮、炸、炒皆宜，荤素佐配均能成为佳肴；另一方面又主动找到船老板献计献策，说自己的冬菇可以使鱼群远离商船。于是船老板以高价买下冬菇，让商人把冬菇全部抛入海中，果然，鱼群都追逐随波漂流的冬菇而慢慢散去。

松口蘑

天花乱坠松蕈随，宫门素食珍此味。
割肥方厌万钱厨，唤醒皇家千日醉。

——《松蕈》（清）陈启灿

一、物种本源

拉丁文名称，种属名

松口蘑（*Tricholoma matsutake*），为层菌纲伞菌目口蘑科口蘑属真菌松蕈的子实体，又名松蘑、松菌、松树蕈、松茸、松蕈、老鹰菌、鸡丝菌、青岚菌、松伞蘑、黄鸡等，以菌质新鲜、菌肉白色、肥厚、质密、黏滑、菌褶弯生者佳。松口蘑野生种较稀少，现为国家保护物种，本书涉及的松口蘑均为人工培植。

形态特征

松口蘑是一种树木菌根菌，子实体一般单生或群生，在林下一般形成圆形蘑菇圈或环形菌环。菌盖直径为5～10厘米，呈扁半球形至近平展，污白色，具黄褐色至栗褐色平伏的丝毛状鳞片，老熟时鳞片变为栗褐色，中央色暗，呈辐射状，表面干燥，菌肉白色，厚，有特殊香气；褶白色或稍带乳黄色，密，弯生，不等长；菌柄较粗壮，长6～13.5厘米，粗2～6厘米，菌环以上污白色，带粉粒，菌环以下具栗褐色纤毛状鳞片，肉实，基部有时稍膨大。菌环生于菌柄的上部，呈丝膜状，上面白色，下面与菌柄同色。孢子无色，光滑，呈宽椭圆形至近球形。

习性，生长环境

在我国，松口蘑分布于辽宁，黑龙江（牡丹江、鸡西完达山区），吉林，安徽，四川，甘肃，山西，贵州，云南，广西，西藏，福建，台湾等省（自治区），主产区为东北地区和云南。

松口蘑子实体多发生在温度、湿度较高的夏、秋季，由于各地的自然环境条件不同，发生期也不完全一致；一般情况下，7至10月份都陆续发生，如在东北地区松口蘑的盛产期在8月上旬至9月中旬。

二、营养及成分

经研究，松口蘑中除含有多糖、蛋白质、多肽、氨基酸和维生素等营养成分外，还含有甾醇、萜类脂化合物、酚类、油脂等可挥发性物质。实验研究表明，即使同一品质的松口蘑，在不同的生长阶段，其所含各种成分的量也不一样。

松口蘑营养价值很高，含有丰富的蛋白质、糖类物质。新鲜的松口蘑（子实体）含水分89%～93%，所含碳水化合物有甘露糖（10.3%）、海藻糖（8.4%）、甲基戊聚糖（1.3%）等，其中以甘露糖为主，这些物质可以提高人类免疫功能。松口蘑不仅蛋白质含量高，而且种类齐全，包括人体必需的8种氨基酸，其中谷氨酸的含量为各种氨基酸之首。松口蘑的粗脂肪为不饱和脂肪酸，并且在食用菌当中其粗脂肪含量偏低，符合人们目前追求低脂食品的选择。松口蘑的灰分含量约占干重的7.2%。松口蘑子实体中主要有8种微量元素，其中以钾、铁的含量为最高。松口蘑子实体中对人体有益的锌、钙等元素的含量均高于一般食用菌；松口蘑子实体中又富含维生素 B_1 和维生素 B_2，还有一些维生素C和尼克酸等。每100克松口蘑干品的主要营养成分见下表所列。

碳水化合物	43~56克
粗蛋白	17~20克
灰分	7.6~8.8克
粗纤维	6.3~8.6克
粗脂肪	4.4~5.8克

三、食材功能

性味 味甘，性平。

归经 归脾、肺经。

功能 在《中国药用真菌》中有所记载："补益肠胃，理气止痛，化痰。"即松口蘑有益肠健胃、止痛理气、强身健体等功效，还有提高人体免疫功能和健肤的作用。

松口蘑中含有多元醇，可益于糖尿病的治疗，菇内的多糖类物质含量高，脂肪含量少，有利于防止高血压、高血脂和胆固醇增高等症的发生，因此，松口蘑在健胃、防病、辅治糖尿病方面有较好的食疗作用。

（1）抗菌、消炎作用

研究表明，松口蘑多糖能有效抑制小鼠溶血素的生成，有明显的抗菌、消炎作用，对由二甲苯引发的小鼠耳部发炎肿胀有抑制作用，并且对大鼠脚趾炎症有明显的治疗效果。

（2）增强机体免疫力功能

研究表明，松口蘑多糖类提取物对特异性免疫和非特异性免疫都有明显的增强作用，对外来刺激有明显的抵抗作用。松口蘑中提取的葡聚糖可以提高机体免疫力，有研究通过给由于连续注射可的松导致免疫力低下的小鼠服用葡聚糖，可使之恢复正常。松口蘑中提取的葡聚糖能够激活细胞，阻止病毒入侵，从而提高机体免疫力。松口蘑中还有一种非常重要的多糖葡聚糖，是松口蘑生物活性的主要成分之一，具有免疫调制功能。

（3）抗辐射作用

松口蘑多糖具有很强的抗辐射性，是抗辐射保护剂的研究热点，研究人员通过给因辐射造成免疫功能损伤的小鼠服用松口蘑多糖，结果发现多糖能明显提高小鼠的免疫功能，保护免疫系统，清除自由基，降低辐射的氧化损伤，提高免疫细胞对辐射的抵抗性。

（4）抗衰老作用

人体衰老的最主要原因是自由基损伤，松口蘑多糖可以有效地清除人体自由基，达到抗衰老的目的。研究人员从松口蘑中提取的复合活性物质灌喂小鼠进行抗衰老模型实验，发现小鼠肝脂褐素含量减少，血清活性明显提高。

（5）美白作用

研究发现，松口蘑提取物具有良好的美白效果，在化妆品中少量掺入，即可达到较好的美白效果。皮肤变黑的主要原因是紫外线照射导致黑色素沉积，有些研究表明，松口蘑提取物与桑枝提取物混合有很好的美白效果。从松口蘑中提取得到的反式甲基肉桂酸盐能有效降低有效活性成分变形，阻止黑色素的形成，其作用机理是通过抑制酪酸酶活性来实现的。

四、烹饪与加工

松口蘑是菌类食品中的高端食材，产量比较少，保质期短，价格高昂。松口蘑有一种原始的鲜美口感，鲜松口蘑口感和味道更佳。因为松口蘑本身味道已经很鲜美，所以在烹饪时尽量简单，保留它的原汁原味。

黄油煎松口蘑

黄油煎松口蘑

（1）材料：鲜松口蘑、黄油、食盐、胡椒碎。

（2）做法：将松口蘑洗净切片，不要切太薄，大约4毫米。平底锅小火融化黄油，放入松口蘑煎至两面金黄，撒少许食盐和胡椒碎即可。

爆炒松口蘑

（1）材料：松口蘑、辣椒、大蒜、鸡胸肉、花椒、大蒜片、色拉油、料酒、食盐。

（2）做法：将清洗干净的松口蘑切片装入盘中，青椒切碎，大蒜去皮后切片，鸡胸肉切小片，分别装入小碗中备用。加入2勺料酒在鸡胸肉中，用筷子拌匀后腌制10分钟。炒锅中放入适量的色拉油，待油烧至八成热时，加入花椒，稍后把腌制好的鸡肉片倒入锅中，翻炒熟。倒入切碎的辣椒与肉片一起翻炒，翻拌均匀后，铲起装入小碗中备用。在炒锅中再次放入适量的色拉油，把松口蘑片倒入锅中，加入大蒜片，翻炒几铲后，加入半小碗清水，盖上盖子焖至收汁，打开盖子撒入适量的盐，拌匀后起锅装盘。

爆炒松口蘑

五、食用注意

对食用菌类过敏者勿食松口蘑。

传说故事

松口蘑与梁武帝

梁武帝萧衍在位时期，曾一度出现文化盛世现象。他崇尚经学，不仅经常出席一些讲经会，还曾亲自在重云殿讲解《老子》的经义，声如洪钟，令上千名听众如痴如醉。

有一次，在靠近北方敌国松辽的松林里，梁武帝邀请高僧云光法师讲经。由于云光法师佛理精湛，听众虔诚，使佛祖也为之感动，便向会场所在的松林撒下一地五彩缤纷的香花，香花谢后，便长出无数松口蘑，一时传为佳话。

梁武帝自此更加笃信佛教，每天只吃一顿饭，也不饮酒，每天的下饭菜就是一小盘松口蘑。他穿的也是棉织品，不用丝绸，他认为取丝织绸要杀死许多蚕蛹的生命，与佛家的经义是相违背的。每当朝廷必须处死一些罪犯时，他会一连几天精神不振，后来他索性想出家为僧，曾四次来到建康城（今南京）中最大寺院同泰寺修身。因此，得了个雅号——皇菩萨，又名食松口蘑的皇帝。

猴头菇

大雪漫山匀，无处藏身。攀枝择叶待春音。
相对痴痴终守望，不忍离分。
雪域浴心魂，天赐鸿恩。山中灵气化佳珍。
美味香醇居首位，素菜称荤。

——《浪淘沙·猴头菇》（现代）
杨金香

一、物种本源

拉丁文名称，种属名

猴头菇（*Hericium erinaceus*）属层菌纲多孔菌目齿菌科猴头菇属真菌，又名猴头菌、刺猬菌、猴菇、猴蘑。

形态特征

新鲜的猴头菇子实体为白色，直径5~15厘米，下垂肉刺覆盖整个子实体。猴头菇孢子为球形，大小6.5~7.5微米，无色透明、表面光滑。

习性，生长环境

猴头菇喜欢潮湿的环境。野生猴头菇通常生长在密林深处的栎（俗称柞树）、胡桃等阔叶树种的立木或者朽木上，或生长在活立木的受伤处，数量稀少。猴头菇菌丝生长的适宜温度为6~34℃，最适温度约为25℃。子实体生长的温度最适宜范围为18~20℃。温度过低会导致猴头菇代谢停止；温度过高则会导致菌丝生长缓慢甚至停止生长。培养基质含水量以60%~70%为宜，含水量过低或过高都会降低猴头菇分化能力，使子实体产量减产。菌丝培养阶段最适湿度为70%；在子实体成形阶段，需要保持85%~90%的湿度。

我国的野生猴头菇主要产地是黑龙江、吉林、内蒙古、河南、河北、浙江、四川、甘肃、湖南、湖北、广西、云南等省（自治区）。其中以黑龙江小兴安岭和河南伏牛山区出产的猴头菇最为有名。我国野生猴头菇数量较少，近些年来，人工培育猴头菇生长周期大大缩短，产量大增。据测定，人工培育的猴头菇营养成分和药用价值都优于野生猴头菇。

二、营养及成分

猴头菇中含有多糖、低聚糖、甾醇类、萜类和酚类、腺苷、脑苷脂等物质。其中主要活性成分有多糖、低聚糖、萜类和酚类等，具有保肝养胃、增强免疫力、降血糖、保护神经和抗氧化等功效。经研究表明，猴头菇多糖能够治疗消化系统疾病，具有降低血糖和血脂、抗衰老、抗炎和提高生物体耐缺氧能力等功效。每100克鲜猴头菇主要营养成分见下表所列。

碳水化合物	4.9克
粗纤维	4.2克
蛋白质	2克
脂肪	0.2克

三、食材功能

性味 味甘，性平。

归经 归脾、胃、肾经。

功能 《中国药用真菌》中记载："益气，健脾，和胃。"即猴头菇，利五脏、助消化、滋补、益气，有益于长期消化不良、神经衰弱、病后虚弱患者的食疗和康复。

（1）降血糖降血脂作用

猴头菇脂肪含量很低，而且含有大量不饱和脂肪酸，因此有降血脂的功能。猴头菇多糖与单糖、寡糖的性质不同，不仅不会升高血糖，而且能降低血糖。研究发现，猴头菇多糖不会直接增加机体中胰岛素水平，但可以显著提升肝脏中葡糖激酶、己糖激酶和磷酸葡萄糖脱氢酶的活性，降低血浆甘油三酯及胆固醇的含量。猴头菇多糖还是β2受体激动剂，能够将信息通过第二信使传递给线粒体，从而加速糖的氧化利用，降低血糖。研究表明，猴头菌多糖是一种具有降血糖作用的真菌多糖，对糖尿病具有明显的预防及治疗作用。

（2）免疫调节作用

相关研究发现猴头菇多糖具有增强免疫及免疫调节作用，在抗乙型肝炎病毒多糖中亦发现相关免疫活性。它能够通过促进免疫器官发育、增强巨噬细胞吞噬功能、促进淋巴细胞增殖、提高体液免疫功能、促进免疫细胞因子及其mRNA表达、影响免疫细胞信号钙离子、一氧化氮、环腺苷酸、环鸟苷酸的转导与活化等方式调节免疫。

四、烹饪与加工

干猴头菇适宜于用水泡发而不宜用醋泡发。泡发干猴头菇时先剔除杂质，放在冷水中浸泡一会，再加沸水入笼蒸制或入锅焖煮。另外需要注意的是，即使将猴头菇泡发好了，在烹制前也要先放在容器内，加入姜、葱、料酒、高汤等上笼蒸后，再进行烹制。

猴头菇炖鸡汤

（1）材料：三黄鸡、猴头菇、枸杞、姜片、食盐。

（2）做法：三黄鸡斩块、洗净，焯水去血沫；干猴头菇提前用水发开。将鸡块、猴头菇、枸杞、姜片放入锅内，加水大火烧开，再转小火炖50分钟左右，加盐调味即可。

猴头菇炖鸡汤

猴头菇山药排骨汤

（1）材料：排骨、猴头菇、铁棍山药、生姜、料酒、葱花、食盐、醋。

（2）做法：将猴头菇放入温水中浸泡至松软，清洗干净，掰成小朵。将铁棍山药刨皮切滚刀片，泡入滴了几滴醋的水中。将排骨洗净，生姜切片，加入料酒焯水。汤煲内倒入水、排骨、猴头菇、姜片，大火煮开，用汤勺将浮沫撇去，开小火慢煲1小时左右。放入铁棍山药煲熟，加盐调味，放葱花，出锅。

猴头菇山药排骨汤

五、食用注意

对猴头菇过敏者忌食。

猴头菇的来历

相传，孙悟空护送唐僧历经八十一难取得真经，但自己头上的猴帽紧箍还在，成了肉体上的折磨、心理上的阴影。

孙悟空心想：南海观音菩萨既然能把紧箍儿给俺老孙戴上，就一定有将紧箍儿去掉的办法。于是，他纵起翻了一个筋斗云来见观音菩萨。一见到观音菩萨，孙悟空就跪倒在她脚下，一跪就是九九八十一天，但还是无济于事，因为观音怕给孙猴子解除了紧箍后，他再把天、地、人三界闹得不安宁。

孙悟空看透了菩萨心计，便对观音起誓道："观音大士在上，替小猴解除紧箍后，我南不去朱雀惊扰红光老祖，北不赴玄武烦北极真武大帝，东不临扶桑龙宫揪敖广，西不造访天竺佛国面如来，上不登灵霄宝殿看望张玉皇，下不到地府骂十殿阎罗王。只要除去头上的紧箍，我会重回海洲花果山水帘洞，与众猢狲安享天伦。"

观音菩萨念悟空跪拜诚心诚意，起誓情真意切，动了恻隐之心，念动松箍咒，解除了孙悟空头上的猴帽和紧箍，孙悟空挥起金箍棒把松下的猴帽及紧箍挑起来甩向关外长白山茫茫林海，挂在朽木上，便生出了猴头菇。

树舌

海红不似花红好，杏子何如巴榄良。
更说高丽生菜美，总输山后蘑菇香。

——《滦京杂咏一百首（其七十五）》（元）杨允孚

一、物种本源

拉丁文名称，种属名

树舌（*Ganoderma applanatum*），为层菌纲非褶菌目多孔菌科树舌属真菌树舌菌的子实体，又名赤色老母菌、扁木灵芝、扁芝、扁蕈、白斑腐菌、平盖灵芝、扁芝、白皮壳灵芝、皂荚蕈、老母菌、枫树菌、皂角菌、梅花蘑、扁蕈。

形态特征

以菌管显著多层，呈浅栗褐色，管层间有时由菌肉分开，管口以灰褐色或近污黄色为佳。

习性，生长环境

树舌生于多种阔叶树的树干上，全国大部分林区均有分布，可进行人工栽培或深层发酵培养。

二、营养及成分

据现代科学分析，树舌中含有蛋白质、脂肪、碳水化合物、粗纤维，矿物质钙、磷、铁及维生素B_1、B_2、C、D等成分。同时，树舌也是一种药用真菌，其含有的活性化学成分包括多糖、三萜类、脂类、甾体化合物、灵芝酸、生物碱类等，其中树舌多糖作为树舌的主要活性成分，备受营养和食疗研究者的关注。

三、食材功能

性味 味甘、微苦，性平。

归经 归肝、脾、胃经。

功能 《中国药用真菌》中记载："祛风除湿，清热止疼。"树舌，"舌菌耳辛苦微毒，祛风除湿消肿速，肠风泻血反胃妙，热积胸膈泻痢服"，特别对胃脘、肝区疼痛的康复与辅助食疗效果好。

（1）抗病毒性肝炎活性

研究人员对复方树舌片进行多组临床试验表明，试验对象的乙肝表面抗原阴转率明显提高，其具有抗病毒性肝炎活性。有人认为从血清干扰素测定结果来看，此药可诱发干扰素，能提高机体免疫功能，特别是细胞免疫，并可促进肝脏核酸、蛋白质合成，增强胆汁分泌和排泄功能。

（2）对冻融组织复温的影响

通过树舌对冻融蟾蜍胃组织碱性磷酸酶（AKPase）活力组化观察发现，AKPase活力增强。表明树舌合剂具有抗脂质过氧化，保护谷胱甘肽活力和AKPase活力的功能，因此树舌能促进血液循环和神经体液调节。

四、烹饪与加工

树舌茶

（1）材料：树舌、枸杞。

（2）做法：将树舌切成小块，洗干净。把枸杞、树舌放入杯中，烧开水。等水稍微凉一下，倒入杯中即可饮用。

树舌茶

树舌大枣汤

（1）材料：树舌、红枣。

（2）做法：将树舌切片，

树舌大枣汤

清洗一下，红枣也清洗一下。先把树舌片放入养生壶中，煮15分钟左右（如没有养生壶，则大火烧开后，转中小火煮）。把红枣也放进去同煮，再煮15分钟左右即可（如不马上喝，用70℃左右的水保温或略凉后根据个人口味加蜂蜜调味）。

五、食用注意

对食用菌类有过敏体质者勿食树舌。树舌是一种生长在树木上的大型真菌，采集树舌时注意规避其毒性，一般长于有毒树木上的树舌都有毒，不能食用，最好选择果树上的树舌采集食用。另外，平时食用树舌一定要适量，过量食用会让人的身体出现明显不适。

树舌的传说

大地上原来是没有树舌这种真菌菇的，关于它的出现，这里有一段美丽的传说。

相传，汉代有个孝子名叫董永，家道贫寒，靠给财主做佣工赡养父亲。父亲去世后，他无钱葬父，就卖身给财主换钱办丧事，和债主约定在守孝三年后就去做工抵债。

董永的孝行被天上思凡的七仙女看见，心中暗自倾慕，便在众姐妹的帮助下，下凡来找董永，以结秦晋之好。这天，董永正要去债主家做工，走到一棵老槐树下，只见一位美若天仙的女子对他盈盈而笑，羞答答地说道："我愿做你的妻子，不知你意下如何?"董永大吃一惊，心中是十二分愿意，但是想到自己的处境，只好摇摇头说："多谢小姐美意，只是我董永已卖身为奴，怎好连累小姐呢?"

七仙女恳切地说："只要你我夫妻恩爱，纵然贫贱又何妨呢?"于是二人就以老槐树为媒，请土地公公主婚，在老槐树下成婚。成婚后，董永和七仙女成了眷属，可老槐树却倒了霉，王母娘娘说事情坏在老槐树上，命圣母娘娘的儿子沉香用劈山斧剁下老槐树做媒说话的舌头。沉香一斧将老槐树的舌头剁下，粘在树干上，长出了现在人间美食真菌——树舌，而老槐树从此便再也不会说话了。

白木耳

苔枝断节。芳意丛丛，倩瑶姬分别。苍花千朵亲摘处，认取玉肌笼雪。浓浇米泔，化秋气、露盘清洁。生不逢四皓商山，负了采芝人杰。

木鸡还玷佳名，想一种仙香，传自仙阙。冰瓯浸水花乳放，一一冰蚕成蝶。素娥咽否，好风味、银河边说。误镜中粉捻针窠，戏弄小珰明月。

——《瑶花·银耳用草窗韵》

（清）赵熙

一、物种本源

拉丁文名称，种属名

白木耳（*Tremella fuciformis*），为银耳纲银耳目银耳科银耳属寄生菌银耳的子实体，又名白耳子、雪耳、银耳、白耳、桑鹅、五鼎芝等，因形如人耳故得名。

形态特征

白木耳实体纯白至乳白色，直径5～10厘米，柔软洁白，半透明，富有弹性。白木耳既有补脾开胃的功效，又有益气清肠、滋阴润肺的作用。白木耳一般被制成干品，以干燥、色白微黄、朵大体轻、有光泽、胶质厚者为佳品。

习性，生长环境

我国白木耳原为野生，今在全国大部分地区有栽培，产地为四川、湖北、福建、浙江、江苏、江西、广西、云南、台湾、贵州、陕西等地，其中以福建漳州和四川通江的白木耳最为著名。

绝大多数种类的白木耳都生于各种树木的原木上。白木耳属中温性真菌，生长过程离不开伴生菌丝香灰菌，其混合的菌丝体不耐高温，但是可耐低温。

二、营养及成分

传统的中医学认为，白木耳具有益气、滋阴润肺、养胃、生津、安神健脑等功效。白木耳营养丰富，不仅含有酚类、黄酮和矿物质等活性成分，此外还含有磷、铁、钾等元素，以及维生素B_1、B_2、D、A等成分。每100克白木耳干品的主要营养成分见下表所列。

碳水化合物	75.3克
灰分	8.3克
蛋白质	6.6克
脂肪	0.6克

三、食材功能

性味 味甘、淡，性平。

归经 归肺、胃、肾经。

功能 据《本草再新》中记录："润肺滋阴，清补肺阳。"白木耳，滋阴润肺，益胃生津，利肠道，有助于肺热咳嗽、肺燥干咳、久咳喉痒、咯痰带血、久咳络伤、肋部疼痛、肺痈肺痿、产后虚弱、月经不调、肺热胃酸、大便秘结、大便下血、新旧痢疾患者的康复与辅疗。

多糖是由多种单糖组成的天然大分子化合物，广泛存在于动植物体中，是构成生命体的基本物质。多糖可以为生命体提供骨架结构及能量，并参与细胞的生理活性调节。白木耳中含有丰富的白木耳多糖，其食用及药用价值备受关注。研究报道，白木耳多糖具有增强机体免疫功能、降血糖、降血脂等作用。

（1）增强机体免疫功能

白木耳中含有大量的白木耳多糖，其含有的丰富的氨基酸、有机铁、有机磷等物质均有利于人体健康。尤其是以甘露糖为主链，以葡萄糖醛酸、岩藻糖、木糖为侧链的酸性杂多糖，具有增强人体免疫力等功能。相关研究发现白木耳多糖能增强机体免疫力，发挥免疫促进作用，全面提高体液免疫功能、非特异性免疫功能及细胞免疫功能。

（2）降血糖作用

经研究发现，白木耳具有降低血糖的功能，这是因为机体中的胰岛素可以与白木耳多糖相结合，生成较大分子的修饰物质，它可以在一定程度上延缓体内胰岛素的分解与排除，增长了发挥功效的时间，从而达到降血糖的作用。白木耳多糖可以增强小鼠的胰岛素水平，并降低因链脲霉素诱导的糖尿病小鼠的血糖含量。研究发现，白木耳多糖具有降血糖的活性，能减少小鼠的血糖升高，抑制小鼠肝糖原分解。

（3）降血脂作用

研究证明白木耳多糖可以明显降低低密度脂蛋白的含量、甘油三酯水平及血清总胆固醇含量，并且白木耳多糖可以减少胆固醇的吸收，增加小鼠胆汁酸以及中性甾类激素的排泄，从而阻止小鼠肠道对脂类的吸收，切断肝肠的循环，进而降低血脂。

（4）其他作用

白木耳多糖具有较好的稳定性及保湿功能，因此添加到化妆品中，可以增加皮肤弹性，并改善皮肤粗糙等问题。研究发现白木耳具有一定的抑制红细胞溶血活性剂清除氧自由基的作用。白木耳多糖具有延长血凝时间的活性，并且其凝血时间和实验动物机体内的凝血因子活性有关。将白木耳多糖提取液加入烟卷中，可以改善其口感及干燥感。白木耳多糖具有一定的抗辐射作用，并且经磷酸酯化的白木耳多糖可以保护因辐射造成损害的小鼠的造血功能。

四、烹饪与加工

干白木耳宜用开水泡发。

白木耳雪梨羹

白木耳雪梨羹

（1）材料：白木耳、雪梨、枸杞、冰糖。

（2）做法：将白木耳用温水

完全泡发开，剪去蒂，撕成小朵。将白木耳放入锅中，倒入足量冷水，烧开后转小火炖40分钟左右，至汤汁稍黏稠。将雪梨切块，倒入汤汁，继续炖15分钟。开盖放入枸杞和冰糖，继续加盖炖5分钟即可。

双耳炒蛋

（1）材料：鸡蛋、白木耳、黑木耳、胡萝卜、大葱、食用油、食盐。

（2）做法：白木耳、黑木耳泡发洗净，白木耳撕成小朵，黑木耳切成大片。胡萝卜切细丝，大葱切段。鸡蛋加30毫升水打散成蛋液。起锅加入少许食用油，下白木耳、黑木耳、胡萝卜丝炒香，加入蛋液滑炒至蛋液定型。加入葱段翻炒，加盐调味，起锅即可。

双耳炒蛋

五、食用注意

（1）不应食用变质的白木耳。如果白木耳根部变黑，外观呈黑色和黄色，闻之有异味，触之有黏感，说明已经变质。

（2）不应饮用隔夜的白木耳汤。白木耳汤过夜后不仅营养成分减少，而且有可能产生有害成分。

（3）服用四环素类药物时不宜食用白木耳。服用四环素类药物时忌食含钙多的食物，白木耳含钙较多，服用四环素类药物时食用白木耳将会影响四环素类药物的吸收从而降低疗效。

（4）服用铁剂时不宜食用白木耳。服用铁剂时忌食含磷多的食物，白木耳中含有较丰富的磷元素，能和铁剂结合形成不溶性沉淀物，既影响食物的营养价值，又降低药物的疗效。

传说故事

通江白木耳的传说

很早以前，通江的山是光秃秃的，河岸边是荒茫茫的。这时，从鄂州来了松柏和青杠两父子，年复一年不懈的劳动让荒山披上绿装，河岸开出良田。此时，松柏为青杠三十来岁还未娶妻而叹息。

天上有位银花仙子专门培植银花，让天宫变得晶莹明净，受到王母的赏识。可银花仙子却被人间男耕女织的恩爱情景所吸引，一心想下凡，因此被王母娘娘幽禁起来。此事被金牛星知晓，于是金牛星用犀利的牛角把密室钻了一个大洞，让银花仙子逃离天宫。

银花仙子飞过云海，飘落到一处叫落仙台的地方，正巧遇见松柏老人便问道："这是什么地方？"松柏回道："这是我们新辟的九湾十八包。"说话间，儿子青杠回来了。银花仙子见青杠魁梧的身材、黝黑的头发、紫红的脸膛，不禁暗喜。青杠瞧见银花仙子白皙如玉，唇若涂朱，两眼含笑，心中暗叹该女子美貌如仙。于是挽留姑娘住下，女有情，男有爱，银花就嫁给了青杠。

第三年，春疫流行，到处是肚痛腹泻的病人。青杠问妻子："各地瘟疫流行，十家九病咋办？"妻子说："忧无用，急枉然，我来医治。"妻子就把头上的银花放在水中煮沸。患者服用了银花汤，霎时病去毒除。原来，银花汤可以内清积热，外解痢毒，一场来势汹汹的瘟疫终于解除了。

银花仙子、青杠治好了千万人的疾病，赶来致谢的人络绎不绝。此事惊动瘟神，他心想："银花为天宫仙子独有，莫非是仙子私下了凡尘？"

玉皇大帝听到报告，发现银花仙子私奔人间，大怒，即令托塔天王下界收服。天兵天将将银花、青杠的住处围住，喝令银花仙子速归天界。青杠父子怒骂天兵天将拆散姻缘。天王大怒，手指青杠父子，顿时让他们变成了树木。银花仙子忙将自己洁白的罩纱披在青杠身上，含泪离开了人间。此后，洁白缥缈的罩纱变成了雾，紧护住青杠；淅淅沥沥的露珠像仙子的泪；晶莹的银花变成白木耳，能祛病疗疾。通江陈河的雾，四季白而浓，九湾十八包的白木耳，出得早，品质最好。

元末明初，乡亲们在雾露台建庙宇，塑银花姑娘神像，将其奉为白木耳化身，年年祈求丰收。

金耳

嵇康食石髓，安期枣如瓜。
虚无不可致，想象生咨嗟。
深谷隐松桂，雨露抽灵芽。
名齐金光草，品异仙掌茶。
采采供晨飧，色莹味亦嘉。
金膏溢齿颊，五内生云霞。
腥腐一以荡，神明发精华。
吾闻古灵仙，饵芝乃升遐。
从兹谢厚味，服尔登云车。

——《食菌》（明）顾璘

一、物种本源

拉丁文名称，种属名

金耳（*Naematelia aurantialba*），为银耳纲银耳目耳包革科耳包革属金耳的子实体，又名黄木耳、黄金银耳、黄耳、金木耳，因其色黄如金，其形如耳而得名。

习性，生长环境

野生金耳多见于高山栎林带，生于高山栎或刺叶高山栎等树干上，并与毛韧革菌、扁韧革菌等韧革菌有寄生或部分共生关系。金耳在国内外都有分布，在我国主要分布于西藏、云南、四川、甘肃等地。我国的科研工作者通过对金耳的人工引种研究已可以获得有效优良菌种。目前云南、浙江等地已经出现人工栽培的金耳产品。

金耳子实体散生或聚生，表面较平滑；渐渐长大至成熟初期，耳基部楔形，上部凹凸不平、扭曲、肥厚，形如脑状或不规则的裂瓣状、内部组织充实。成熟中后期，裂瓣有深有浅。中期，部分裂瓣充实，部分组织松软；后期，组织呈纤维状，甚至变成空壳。子实体的颜色呈鲜艳的橙色、金黄色，甚至橘红色；药用和美容的产品呈白色。

二、营养及成分

研究人员对金耳的化学成分进行检测，发现金耳不仅含有多糖，还含有大量的氨基酸以及蛋白质。据相关研究，金耳子实体中存在粗蛋白以及氨基酸，二者的含量分别是12%和10%，其中含有8种人体须从外界摄取的必需氨基酸，如色氨酸等，10多种人体能够自身合成的非必需氨基酸，如天冬氨酸、丝氨酸等。除此之外，金耳子实体中还存在大量的矿质元素，除钙、钾等大量元素外，还含有部分微量元素，如铁、硒、锗等。金耳中还含有多种人体所需要的营养成分，如维生素A、B族维生素、尼克酸等。每100克金耳的主要营养成分见下表所列。

碳水化合物	77.6克
蛋白质	6克
膳食纤维	2.6克
脂肪	0.7克

三、食材功能

性味 味甘，性温。

归经 归肺、肝、肾经。

功能 《药用蕈菌》中记载："润肺止咳，平肝益肾。"金耳，滋阴清肺，补肾护肝，对肺虚咳喘、腰膝酸软、头晕目眩、易于疲劳等症状有辅疗的效果。

金耳，营养丰富且全面，对神经衰弱、心悸失眠、慢性支气管炎、肺源性心脏病、白细胞减少症、高血压、血管硬化症有较好的助康复效果。近年来，科研工作者对金耳多糖生物活性的研究不断深入，发现其生物活性大多体现在提高免疫力、降低血糖和血脂等方面，除此之外，有部分研究结果表明金耳还有着抗氧化、消炎、改善肝损伤以及抗辐射等功效。

（1）调节免疫

在多糖的多种生物活性中，增强免疫功能是最主要的金耳菌丝体能够增强非特异性免疫功能，具有提高身体免疫力、改善机体免疫的作用。

（2）调节血糖

很多研究人员都对金耳中的多糖功能进行了检测，发现它具有使血糖下降的作用。通过对金耳子实体的研究，实验人员报道了金耳子实体中含有大量具有降低血糖作用的多糖，多糖能够加快血液中葡萄糖的代谢，并且这种作用机制和胰岛素的含量没有直接的联系。

（3）保护肝脏

研究者们对金耳进行研究后，发现金耳具有良好的降脂保肝的功能，他们通过实验发现连续48天口服金耳的子实体或菌丝体后，小鼠体内的肝胆固醇不仅下降到原来的一半，而且肝总脂也下降了50%以上。还有人进行金耳的药理学作用机制的研究，证明了金耳糖肽具有避免肝受损的作用。

四、烹饪与加工

金耳在煎煮以前先用水洗净，然后放在温水中浸泡12小时（温度较高时可缩短时间，较低时可延长时间），经浸泡后膨胀的重量为干品的20至25倍。浸泡后再用水清洗、加工。

桃胶炖金耳

（1）材料：桃胶、金耳、莲子、红枣、红糖。

（2）做法：将桃胶、金耳、莲子浸泡一晚。将金耳清洗干净，撕成小朵。将所有食材放入锅中，加入红糖。加适量水，大火烧开后转小火慢炖1小时左右。

桃胶炖金耳

清汤松茸金耳

（1）材料：金耳、松茸、老母鸡汤、食盐。

清汤松茸金耳

（2）做法：金耳泡发、洗净，松茸去杂、洗净、切片，取老母鸡汤适量放入炖盅，加入金耳和松茸，大火烧开后转文火慢炖1小时，放入食盐搅匀，出锅。

五、食用注意

过敏者忌食。

金耳的故事

从前，钱柴山下住着一个姓钱名瑞枝的人，好逸恶劳。原本受父亲的管束，他尚能种半亩山地，后来觉得太累，就去做点小买卖，但嫌来钱太慢，于是他想出了一个发财快的歪门邪道：每天夜里去有名的寺庙，不管是纪念祠庙、道教宫观，还是佛教寺院，只要有佛像装金塑像的，他就去剥塑像身上的金皮，回来放在炉中一熔，便成了金豆，金豆一熔，就成了金块，金块再一熔，便成了市场上流通的金锭。

一天夜里，他又来到一座寺庙，趁众僧熟睡，便先从进门的哼哈二将身上的贴金剥起，再剥灵官护法神、二进的四大金刚、大雄宝殿的释迦牟尼、弥陀佛、药师佛、南海观音……最后剥到地藏王菩萨身上的金皮。这时，地藏王菩萨正在真魄显灵，岂容钱瑞枝猖狂剥金，便报知地府十殿阎罗王，命牛头马面、黑白无常四个鬼将钱瑞枝拿下，也学钱瑞枝剥佛金、熔金锭的程序，将钱瑞枝的衣服剥了，煎至亮黄，洒向丛林。而凡洒向丛林落在地上的钱瑞枝的衣服都腐烂成树肥，附着枯萎朽木上的皮，从树干的裂缝中长出了黄亮亮、水灵灵的金耳。

石耳

寒岩摘耳石崚嶒，下有波涛气郁蒸。
知汝清齐常自爱，不当持供五湖僧。

——《寄赠元美四首（其一）石耳》（明）李攀龙

一、物种本源

拉丁文名称，种属名

石耳（*Umbilicaria esculenta*），为茶渍菌纲石耳目石耳科石耳属的某些可食用地衣复合体，又名石木耳、岩菇、石壁花、岩苔、石菇等。因其形似耳，并生长在悬崖峭壁阴湿的石缝中而得名，是一种野生植物食材。

形态特征

石耳的形状和木耳相似，体呈扁平叶状，直径一般3~5厘米，表面呈灰白色，背面呈黑色，正中有一个吸盘与寄生的岩石相连，藻体将菌丝体吸收提供的水分和无机物通过光合作用合成有机物，供其生长需要。

习性，生长环境

石耳多长在悬崖峭壁的阴湿处，一般要六七年才能长成。

石耳属于腐生性中温型真菌。菌丝在6~36℃之间均可生长，但以22~32℃最适宜；15~27℃都可分化出子实体，但以20~24℃最适宜。菌丝在含水量60%~70%的栽培料及段木中均可生长，子实体形成时要求耳木含水量在70%以上，空气相对湿度90%~95%。

二、营养及成分

据测定，石耳中含胡萝卜素，维生素A、维生素B_1、维生素B_2及钾、钠、钙、镁、铁、铜、锌、锰、磷、硒、锗等元素，还含有石耳酸、红粉苔酸等。每100克石耳干品的主要营养成分见下表所列。

碳水化合物	66.2克
蛋白质	13.6克
膳食纤维	1.7克
脂肪	0.6克

三、食材功能

性味 味甘，性微寒。

归经 归脾、肝经。

功能 据《日用本草》记载：“清热，止血，明目，化痰。”石耳具有清热、解毒、止血、利尿的功效，有益于咳血、吐血、便血、崩漏等症状的缓解，适于肝热目赤、目昏、肺热咳嗽等诸症的食疗及康复。

（1）抗菌作用

多种石耳次级代谢产物具有抗菌的活性。在南极石耳中分离到的地衣酸对枯草芽孢杆菌和金黄色葡萄球菌的抑菌活性较强。石耳提取物对植物病原菌也显示出一定的抑制作用。

（2）免疫作用

从石耳中提取的多糖能够抑制小鼠溶血素的形成，使其产生迟发型超敏反应，可提高胸腺指数、脾脏指数，增强体液免疫。

（3）抗辐射作用

从石耳中得到的次生代谢产物对紫外线有很强的屏蔽作用。研究人员分离的石耳多糖对辐射损伤的小鼠有保护作用。同时研究人员还从某些石耳中发现了能抑制紫外线造成细胞损伤及皮肤红斑产生的化合物。由于石耳次生代谢产物有抗紫外线的作用，在化妆品的研制中已经加入石耳提取物。

四、烹饪与加工

一般在市场上购买的都是石耳的干制品，在烹饪之前需要浸泡。浸泡时把干石耳放入50℃左右的温开水中浸泡2~4小时，等到石耳慢慢地舒张开以后，把石耳的脚根部位去掉，因为这个部位的泥沙是很难清洗干净的。反复地搓洗干净以后，再继续用冷水浸泡3~5次，洗净黑色的水和细沙，再继续用淘米水轻轻地揉搓，进一步把泥沙和灰尘都清洗干净，最后再加工。

石耳炒土鸡蛋

（1）材料：干石耳、鸡蛋、菜籽油、食盐、白砂糖、鸡精、青葱、生姜。

（2）做法：干石耳清水泡发去沙，鸡蛋打散，葱切碎。泡发的石耳用热水焯烫后过凉水。炒锅倒入菜籽油烧热，倒入蛋液炒熟，然后加入葱花和石耳翻炒。加入盐、糖调味。最后加少许鸡精翻炒均匀，起锅。

石耳炒土鸡蛋

石耳炖土鸡

（1）材料：土鸡、石耳、料酒、食盐、味精、姜片、葱段。

（2）做法：将土鸡洗净，放入沸水锅焯一下，捞出洗净。将石耳用温水泡发，洗净，撕小片。将土鸡放入锅内，加入适量水煮至沸，加入料酒、食盐、葱、姜、味精，用文火炖至土鸡肉熟，投入石耳，炖至土鸡肉熟烂，出锅即成。

石耳炖土鸡

五、食用注意

（1）脾胃虚寒的人不宜食用。

（2）需要注意的是，石耳入馔，一定要与生姜同烹，否则有异味。

传说故事

李时珍与石耳

相传，有一年李时珍的母亲得了重病，久治不愈。李时珍听说庐山有一种石耳，可以治母亲的病，就要亲自到庐山去寻找。弟弟知道后，便对他说："哥，你在家照顾母亲，我去。"

弟弟行了数日，到了庐山，攀上山峰，遇见一位采药的老大爷，白眉长须，精神抖擞，满面红光。弟弟走上前去，问道："老人家，您可知道庐山什么地方有石耳？"

老大爷告诉他："庐山的最高峰汉阳峰的西面有个石耳峰，那儿有石耳。不过，你要去采石耳可不容易，石耳长在悬崖的石缝中，峰陡石滑，青苔漫布，弄不好会摔下悬崖，那可就粉身碎骨啦。还有，那石耳肉厚多汁，要是让它的汁水喷在你的身上，你的耳朵就会变成石头耳朵。"

弟弟一听，不觉一笑：这老人还真会吓唬人，我才不信呢。他告别了老大爷，转身寻路攀登汉阳峰去了。

李时珍在家等了一个多月，不见弟弟回来，决定亲自到庐山跑一趟。赶到庐山，也碰见了那位老大爷。李时珍恭恭敬敬地施了一礼，问道："大爷，请问庐山哪里生长石耳？"

大爷一看，说："咦，你不是一个月以前就来过吗？怎么，没找到石耳？"

李时珍一听，心里明白，忙说："大爷，那是我的弟弟，他现在在哪儿？"

老大爷这才知道弄错了，便拿出一把小刀和一只木瓜交给他说："你去采石耳，万万不可贪睡，要是瞌睡来了就用这把小刀在胳膊上划一下，再把木瓜水挤进去，这样，你就不会瞌睡了。至于你弟弟嘛，只要你采到石耳，他自然有救。"

李时珍来到汉阳峰下，抬头一看，果然是庐山绝顶，险要得很。李时珍好不容易攀上了半山悬崖，眼皮就不由自主地打起架来。他按照老大爷的方法咬着牙，忍着痛，这一痛倒好，瞌睡虫全被赶跑了。

皎洁的月光照着群山，李时珍睁大眼睛，在悬崖石头缝里寻找石耳，忽见一只只石耳从崖石缝里慢慢长了出来，被晚风一吹，越长越大。突然，石耳喷出一股汁水，向四面溅开，把李时珍吓了一跳，赶紧躲闪。要是被汁水溅上了，耳朵就会变成石头。李时珍等了一会儿，才小心翼翼地把石耳采下来。

李时珍采到了石耳，又四处寻找弟弟。果然在一个地方看见了弟弟，但他的耳朵却变成了石头状。于是李时珍对着手上的石耳说："石耳啊石耳，你救救我的弟弟吧！"话一说完，那石耳突然放射出一阵耀眼的金光，金光直照到那对石头耳朵上。那对石头耳朵动了，发出一声轻轻的呻吟。

弟弟见哥哥在身旁，感慨起来："唉！悔不该不听老大爷的话。"

旭日东升，天亮了，兄弟二人历尽千辛万苦，终于采到了庐山石耳。

李时珍和弟弟回到湖北老家，用庐山石耳煎汤、配药，给母亲喝，不久母亲的病就好了。

李时珍在《本草纲目》里，特地记下了这段经历，并说石耳是滋脾润肺的珍贵补品，具有一定的药用价值。

竹荪

蘑菇女皇名声噪，林中君子菌中豪。
盛宴席上春光尽，品冠四海货自娇。

——《长裙竹荪》（现代）
司徒劳功

一、物种本源

拉丁文名称，种属名

竹荪（*Dictyophora indusiata*），为腹菌纲鬼笔目鬼笔科竹荪属竹荪的子实体，又名长裙竹荪、竹参、竹笙、竹菌、竹荪菇、竹姑娘、面纱菌、网纱菇、仙人笠、植物鸡、臭角菌、蛇头、蛇蛋、蘑菇女皇、虚无僧菌等。

形态特征

竹荪的外形酷似一把白色网状的伞，有深绿色的菌帽，雪白色的圆柱状的菌柄，粉红色的蛋形菌托，在菌帽底部有一圈细致洁白的网状裙从菌盖向下铺开，整个菌体显得十分俊美，被人们称为“雪裙仙子”“山珍之花”“真菌皇后”。

习性，生长环境

竹荪是一种腐生菌，菌丝能从腐竹、腐木、竹根、竹鞭及腐殖质土中吸收所需碳、氮和无机盐等营养。竹荪一般在2~3月或10~11月下种，3~6月或6~8月长出的菇竹荪属中温性。菌丝在10~29℃均能生长，子实体在16~29℃形成，以22~25℃最适宜，菌丝体适宜的相对湿度为70%~75%，子实体生长适宜的空气相对湿度为90%~95%。菌丝在无光或弱光下均能生长，喜欢偏酸性的环境，要求通风良好。

二、营养及成分

竹荪菌体含有丰富的营养成分，研究人员对竹荪菌体的检测显示菌体含蛋白质21.5%、粗脂肪2.7%、粗多糖8.4%。竹荪中还含有21种氨基酸，8种为人体所必需氨基酸，每100毫克竹荪中氨基酸总量达13.4毫克，必需氨基酸总量达4.4毫克，占氨基酸总量的33%。其中谷氨酸含量尤其丰富，高达1.8%，占氨基酸总量的17%以上，为蔬菜和水果所不及，且所含的氨基酸大多以菌体蛋白的形态存在，因此不易流失。竹荪富含多种维生素，如B族维生素中的B_1、B_2、B_6，以及维生素A、D、E、K等。每100克竹荪干品的主要营养成分见下表所列。

碳水化合物	60.3克
蛋白质	17.8克
脂肪	3.1克

三、食材功能

性味 味甘，性平。

归经 归脾、肺经。

功能 根据《食疗》中的记载："滋补强壮，健脾益肺。"竹荪，有滋补强壮和温中健脾的功效。对不思饮食、气息不畅、精神萎靡、头晕目眩者及对脾胃消化功能有益。

竹荪体内最主要的活性成分是竹荪多糖，竹荪所含的多糖是具有高活性的大分子物质，在抗凝血、抗炎症、刺激免疫以及降血糖方面都有一定的保健作用，对病毒感染性疾病也有一定的抑制作用。而竹荪多糖具有明显的机体调节功能和防病作用，因而日益受到人们的重视。用竹荪作药膳可以消除腹壁上多余的脂肪，减肥效果明显，还可以减轻高血压、高胆固醇、高血脂及心、脑血管病等症状，对人体可起到滋补强壮的作用，使人益寿延年。

（1）调节免疫功能

竹荪多糖广泛存在于子实体的细胞壁中，具有重要的免疫调节作用，国内外学者对竹荪多糖免疫功能进行了大量的工作。有人在提高小鼠免疫功能的研究中发现，竹荪深层发酵菌丝体提取液能明显提高巨噬细胞的吞噬功能，明显增加小鼠胸腺、脾脏的重量，增强小鼠的免疫力。

（2）延缓衰老的作用

竹荪多糖具有一定的清除超氧阴离子自由基作用，可能是由于在有自由基引发剂存在的条件下，像单糖那样，多糖分子也可以自动氧化，产生新的有机自由基，使多糖本身产生的有机自由基与它清除的自由基达到平衡，而在低浓度下，减少了多糖分子与自由基引发剂的反应概率，表现出多糖清除超氧自由基的作用，这可能是其提高免疫力的主要作用机理之一。

（3）抑菌作用

竹荪还具有特异的防腐功能，在炎热的夏季做菜煲汤时，置少许竹荪入内，可防止酸败，延长存放时间。竹荪提取物对各受试菌种均有不同的抑制作用，其中对以大肠杆菌、金黄色葡萄球菌、枯草芽孢杆菌为代表的细菌有很明显的抑制作用，抑菌成分对高温高压稳定，且食物实验效果良好。但对真菌的抑制作用不明显，水提物对各受试菌种均未显现出抑制作用。研究认为竹荪子实体含有广谱抗菌成分，特别是对细菌有明显的抑制作用，这为进一步提取并生产纯天然生物防腐剂奠定了基础。

四、烹饪与加工

竹荪宜用淡盐水泡发，并剪去菌盖头以去除怪味。

竹荪炖鲍鱼

竹荪炖鲍鱼

（1）材料：鲍鱼、竹荪、鸡精、葱、食盐。

（2）做法：鲜竹荪剪掉根蒂，用淡盐水浸泡15分钟，锅中烧开水，将竹荪焯水捞起，放入纯净水中过凉备用。鲜鲍鱼去内脏洗净，放入开水中煮5分钟，接着将竹荪、盐、葱和鸡精放入，烧开即可出锅。

竹荪炖鸡汤

（1）材料：柴鸡、竹荪、红枣、虫草、食盐、生姜、胡椒粉。

（2）做法：柴鸡洗净、斩块；干竹荪用清水泡发，剪掉根部白圈，清洗干净备用。锅中放入足量的水，将鸡块凉水下锅，大火烧开后转至中火，将浮沫撇去；将姜、虫草和红枣放入锅中，中火一起煮一小时左右至鸡肉熟烂。竹荪易熟，鸡汤在起锅前几分钟放入泡好的竹荪即可，随后调入盐、胡椒粉即可关火。

竹荪炖鸡汤

五、食用注意

有一种黄裙竹荪的（也叫杂色竹荪）品种，形态长得很像竹荪，但裙的颜色有橘黄色或柠檬色，这种竹荪有毒，不能食用，要注意区别，不要错食。

观音托梦送子

相传，竹海里有一对蔡姓山民，夫妇勤劳善良，男樵女织，相亲相爱，日子过得倒也其乐融融，但美中不足，已年近花甲，却一直没添人丁。为此，夫妇没少相向垂泪。

有一年久旱无雨，土地龟裂，夫妇二人开山引泉，救活了不少干渴得濒临死亡的竹木和动物。

一天夜里风雨交加，电闪雷鸣，蔡老汉照例又身披蓑衣出去巡山护林。夜半，忽见挂榜岩下烟雾腾腾，火光冲天，原来是雷电引燃了干枯的山林。蔡老汉大声呼喊并奋力扑救，众乡亲寻声赶来，终于把山火扑灭，老汉却被浓烟熏瞎了眼睛。

那一夜，老妇送走了背回老汉的众乡亲，看着床上痛苦辗转的丈夫，想起今后生活的艰难，忍不住失声痛哭。迷迷糊糊中不知过了多久，看见柴扉自开，院子里祥光万丈，有位雍容华贵的妇人手托净瓶款款而来，两个眉目清秀的童子紧侍其后。只听得那人柔声说道："你命中本该无子，念你夫妇平时乐施善德，守护山林有功，送一对子嗣与你二人送终，明日前往瑶箐府中领去。"蔡大娘欣喜若狂，连连磕头谢恩，不料碰到面前的桌边，醒了，原来刚才做了一个梦。大娘将信将疑，很是奇怪，忙叫醒老伴，没想到蔡老汉也做了一个同样的梦，于是更觉奇怪。

第二天，大娘起了个大早，换上洁净衣服，提上香烛贡品，搀扶着老伴往竹林深处赶去。虽不知瑶箐仙姑居住何处，却听说仙人住在山高路远、人迹罕至处，便往竹海中最为险要的擦耳岩走。

好不容易走到擦耳岩下，只见削壁千仞，古藤老树若隐若现，飞瀑九叠。绝壁之上，有一神秘洞宇流光四溢却陡不可攀，似有似无的丝竹声，在幽谷缭绕回旋。夫妇明白，这里一定是仙姑所在，只是无路可寻，只好就地净手焚香，遥遥祷告，之后抱憾而归。

返回的路上，大娘发现路边楠竹旁有一朵特别的菌子，奇香扑鼻，形状独特。“莫不是仙姑给我的?”大娘心中一动，与老伴小心翼翼地把菌子掘出来，带回家煮好吃了下去。

不久，大娘果然生下一对胖乎乎的儿子。因为这对孩子是老妇吞食竹菌而生，于是取名为大竹生、小竹生。这对竹生也确实不同寻常，三个月能说话，七个月能走路。长大后，秉承了父母的美德，还无师自通地能编织、制作精巧的竹工艺品，并且毫无保留地把这些绝活传授给了众乡亲，因此，深得人们尊重。

自从有了这样一对宝贝儿子后，蔡老汉夫妇愈加尽心地守护山林。蔡老汉夫妇活了一百多岁，无疾而终。双竹生在乡亲们的帮助下，料理好父母的后事后，各自带着妻子进山再也没有回来。有人说，他们是随瑶箐仙姑回天宫去了，把菌子留在人间，而这菌子便是竹荪。

蝉花

菌子白于云，罗生枯杨枝。
地气蒸地膏，俨如三秀芝。
鲜摘色莹润，薄美香敖腴。
饮食贵适口，岂谓物细微。

——《摘菌》（元）
吕诚

一、物种本源

拉丁文名称，种属名

蝉花（*Cordyceps cicadicola*），为粪壳菌纲肉座菌目虫草科棒束孢属真菌，寄生于一些蝉若虫上形成的干燥复合体，又名蝉生虫草、蝉草、蝉虫草菌、大蝉虫草、虫花、金蝉花、蝉蛹草、蝉茸、冠蝉、胡蝉、蜩、螗蜩、唐蜩。

形态特征

以单个或双个子座从蝉若虫头部长出角状，分枝或不分枝，干后呈黑褐色，高3~7厘米，有头部及柄，柄粗4~5毫米。头部下部稍大，上部渐变细，表面有细小的点状突起，孢子呈细长丝状，以无色透明者为佳。

习性，生长环境

近年来，专家们通过考察蝉花的自然分布情况，发现在我国江苏、浙江、福建、安徽等省份均有分布。浙江省由于地势平缓、土质疏松，比较适合金蝉花的生长环境，因此常能采到蝉花标本。蝉花的最佳采收季节是每年6~8月份，此时湿热多雨的环境正适宜蝉花的生长。但值得注意的是，蝉花在出土后的2~5天内必须采挖，最好是在出土后次日日出之前采挖，此时蝉花体内的营养成分最高，否则随着时间的推移，其有效成分会缓慢变质。

二、营养及成分

蝉花，主含氨基酸，其中有12种游离氨基酸及多种微量元素钙、钾、磷、镁、锌、铁、锰、硒等，此外，还含有蛋白质、甲壳质酸、酚类化合物、蕈糖、麦角甾醇及蝉花素等。

三、食材功能

性味 味甘，性寒，无毒。

归经 归肺、肝经。

功能 《药用菌蕈》中记载："镇惊熄风、清热解毒。"蝉花，散风除热，利咽、透疹、退翳、解痉，有利于热伤风、咽痛、音哑、麻疹不适、风疹瘙痒、目赤翳障、小儿惊风抽搐、破伤风等症的康复与辅疗。

（1）免疫调节作用

研究人员从蝉花中提取得到总多糖CCP，通过细胞增殖和抗体生成水平等反应探讨其细胞免疫和体液免疫活性，发现CCP能显著刺激伴刀豆球蛋白A和脂多糖诱导的小鼠淋巴细胞的增殖，并能促进小鼠淋巴细胞免疫球蛋白G抗体的生成。

（2）改善肾功能

相关实验发现蝉花在延缓慢性肾功能方面功效显著，其保护肾功能的作用有望成为冬虫夏草的代用品。有学者通过大鼠部分肾切除来模拟

蝉花泡水

慢性肾衰模型，进而研究蝉花菌丝体对慢性肾衰竭的治疗作用，研究发现蝉花菌丝体能显著抑制大鼠肾衰模型血清中的尿素氮和肌酐水平，表明蝉花菌丝体能延缓慢性肾功能衰竭。也有人从蝉花虫草中分离纯化得到N6-（2-羟乙基）腺苷（HEA），通过腹腔注射HEA，发现其能改善缺血再灌注损伤后小鼠肾小管上皮细胞的凋亡，进而延缓小鼠肾功能衰竭。

（3）降血糖作用

研究人员发现为糖尿病模型大鼠灌胃蝉花溶液后，其空腹血糖值和葡萄糖耐量均有显著下降趋势，说明蝉花具有较好的降血糖效果。糖尿病的发病机制可能是肝脏和胰腺中抗氧化酶活力低下，从而影响胰岛β细胞分泌胰岛素的能力，通过蝉花灌胃给药后，肝脏和胰腺中各抗氧化酶的活力均有所提高，抗氧化能力增强，从而降低血糖。

还有研究人员通过建立体外蝉花抑制α-葡萄糖苷酶模型，发现蝉花多糖能有效抑制α-葡萄糖苷酶的活性，且呈量效正向关系，当多糖浓度为6毫克/升时，抑制率为90%左右，说明蝉花多糖具有较强的抑制α-葡萄糖苷酶的活性，有降低血糖的功效。

四、烹饪与加工

蝉花人参炖乳鸽

（1）材料：乳鸽、蝉花、人参、香菇、枸杞、生姜、料酒、食盐。

（2）做法：乳鸽洗净后，放入锅中，加入生姜、料酒，焯水3分钟，捞出放入凉水，洗去浮沫。将人参切片，蝉花洗去泥沙。将鸽子分放入盅内，加入人参、蝉花、枸杞、香菇，往盅内加入适量矿泉水。放入高压锅，高压锅内加水，保压40分钟（如果用砂锅炖，炖两个小时也可以）。炖好后，加少许盐调味即可。

蝉花煲汤

蝉花煲汤

（1）材料：老母鸡、蝉花、干枣、枸杞、生姜、食盐。

（2）做法：蝉花泡水洗净；老母鸡洗净剁成块，下锅焯水，去血沫，捞出备用；生姜切片；干枣切片。在汤锅中加入冷水，放入鸡块、蝉花、枸杞、姜片、枣片；武火烧开，文火慢炖2小时，放入食盐，即可食用。

五、食用注意

有风湿或风热之症者不宜服食蝉花。

传说故事

金蝉脱壳变蝉花

相传，金蝉子和玉蜻蜓自幼相识，青梅竹马，心意相通。两人一起到南海落伽仙山修炼得道，双双成仙，移居云蒸霞蔚、气势如虹的天山紫霞宫，只等王母娘娘降旨，便可永结秦晋，可谓金玉良缘。

修炼千年得道的黄蜂女妖早已爱慕金蝉子，一日，她乘玉蜻蜓奉观世音菩萨之命护送百花仙子回宫，金蝉子独自在紫霞宫午睡之机，变成了娇俏的玉蜻蜓的模样来调戏金蝉子。

黄蜂女妖为控制金蝉子，先与金蝉子亲吻，然后将亲吻的舌头还原为毒刺，准备拴定金蝉子。就在这千钧一发之际，金蝉子觉醒，忙折断黄蜂女妖的毒刺，留下躯壳脱身而逃。在万物复苏时节，金蝉子的躯壳顶端会分枝“发芽”，形似花朵，露出地面，故而被称为蝉花，这就是“金蝉脱壳”变蝉花的由来。

海带

大叶藻科褐藻门，甘浓鲜美味自真。
当年子瞻若在世，食材自列东坡羹。

——《海带》（现代）姜维

一、食材基本特性

拉丁文名称，种属名

海带（*Laminaria japonica*）为褐藻纲海带目海带科海带属翅藻的全草，俗称海带草、海马兰、黑昆布、江白菜、纶布、海带菜、西其菜、鹅掌菜等。上品干海带叶片大，颜色呈浓绿或紫中微黄，其叶柄厚实，无枯黄叶；水发海带则以整齐干净、无杂质或异味者为佳。

形态特征

海带一般长2～4米，最长可达5～6米，宽20～30厘米，最宽可达50厘米，长带状，革质，成熟时呈橄榄绿色，干燥后呈黑褐色。海带藻体分为固着器、柄部和叶片；固着器呈假根状，柄部粗短呈圆柱形，柄上部是宽大长带状的叶片，在叶片中部贯穿着两条平行的纵沟，中间较厚部分为中部带，中部带的两缘较薄处有波状褶皱。

鲜海带

习性，生长环境

海带嗜冷，生长温度在20℃以下，最适宜温度在1～13℃，但最高温度不可超过23℃，主要分布在北太平洋和大西洋沿海区域。我国主产区在山东、辽宁沿海，其中大连所产的质量好，产量最大。

二、营养及成分

海带含有维生素A、B_1、B_2、B_{12}、C等，还含有微量元素碘、钙、钾、磷、镁、锌、铁、硒和胡萝卜素、尼克酸、昆布素、脯氨酸、大叶素、硫胺酸、碳黄酸、甘露醇等。每100克海带的主要营养成分见下表所列。

碳水化合物	56.3克
蛋白质	8.3克
粗纤维	7克
脂肪	0.1克

三、食材功能

性味 味咸、性寒。

归经 归肝、肾、胃经。

功能 《嘉祐本草》提到海带“软坚散结，行气化湿”。此外，海带软坚化痰、清热利水，有益于头晕目眩、肝火上升、痰饮带浊、疳胀疝瘕、水肿、黄疸、脚气、瘿瘤瘰疬患者的康复与辅疗。

（1）抗氧化活性

人体代谢过程中产生的自由基会造成机体的损伤，引起衰老、心脑血管疾病、老年痴呆等。有研究发现海带多糖具有清除羟自由基和超氧阴离子自由基的能力，且抗氧化能力随着多糖浓度的增加而增强。有学者指出，海带多糖抗氧化活性与结构特性关系，海带中的硫酸基含量与海带多糖清除超氧阴离子自由基能力呈正相关。实验人员曾采用超氧阴离子自由基、羟基自由基和次氯酸等活性氧考察海带多糖的抗氧化能力，发现海带多糖具有良好的活性氧自由基清除能力，且对小鼠的保肝具有促进作用。

（2）抗凝血活性

海带还具有抗凝血活性，主要作用机制是海带多糖抑制凝血酶原酶的激活和凝血酶活性，海带多糖的抗凝血活性强弱与海带多糖中硫酸基含量呈正相关。研究人员在研究海带细胞壁多糖浓度对家兔血的抗凝血影响时发现，海带细胞壁多糖能明显延长活化部分凝血酶时间、凝血酶原时间和全血凝固时间，且具有显著的依赖剂量效应的关系。研究还发现低分子量海带多糖可有效增长活化部分凝血酶时间、凝血酶原时间和全血凝固时间，且低分子量和高硫酸基含量的多糖对抗凝血活性具有促进作用。因此，海带多糖在临床上对防治动脉粥样硬化和血栓形成具有重要意义。

四、烹饪与加工

海带可凉拌，可煮成汤，也可以与荤菜一起煎炒或红烧。

炒海带丝

炒海带丝

（1）材料：海带、干辣椒。

（2）做法：将海带洗净，用清水泡两个小时左右。将干辣椒剪成小段，锅里放油，待油7成熟时，加入辣椒，炒出香味，加入海带翻炒，加料酒翻炒，闷一小会儿。加生抽、醋（少量就好）翻炒，加入盐、味精翻炒，起锅。

海带烧肉

（1）材料：海带、猪肉、葱、姜。

（2）做法：将海带浸泡后，放笼屉内蒸约半小时，取出后再用清水浸泡4小时，彻底泡发后，洗净控水，切成长方块。猪肉切断洗净，冷水下锅，水开后锅中煮两到三分钟，捞出用清水洗干净。净锅内加入2升清水，放入猪肉、葱段、姜片、料酒，用旺火烧沸，撇去浮沫，倒入海带块，再用旺火烧沸即转小火炖两个小时，拣去姜片、葱段，加精盐、白胡椒粉调味，淋入香油即成。

海带烧肉

五、食用注意

（1）不宜与甘草同食。

（2）孕妇不宜食用。因为海带有催生的作用，如果在怀孕早期，多吃海带有可能会造成流产；而且海带含碘量非常高，过多食用会影响胎儿甲状腺的发育，所以孕妇要慎食。

（3）甲亢患者不宜食用。因为海带中碘的含量较丰富，甲亢患者若食用，会加重病情。

（4）海带性寒，脾胃虚寒的人也应忌食。吃海带后不要马上喝茶，也不要立刻吃酸涩的水果。因为海带中含有丰富的铁，茶叶中的鞣质与酸涩水果中的植酸都会阻碍人体对铁的吸收。

（5）由于现在全球水质的污染，海带中很可能含有毒物质砷，所以烹制前应用清水浸泡两三个小时，中间应换一两次水，但浸泡时间不要过长，最多不超过6小时，以免水溶性的营养物质损失过多。

海带的由来

白海是个年轻的渔夫。这天，他出海捕鱼，从早晨到傍晚，连一尾小鱼也没有网到。等到拉最后一网时，拉起来轻轻的，他想：又没希望了。拉起一看，只有一只蚌儿，他拿起蚌儿，闷闷地把它扔到舱里。谁想那蚌儿一着舱板就开了蚌壳。白海一看，原来蚌壳里站着一个穿着绿色衣服的漂亮小姑娘。只听那小姑娘哭着说："放我回去吧，我的姐姐们这会急坏啦！"

白海觉得很有趣，捧起她，从食柜里拿了一块小糖糕给她说："吃了糖糕再回去吧！你叫什么名字？家里有什么人呀？"

小姑娘吃着糖糕笑了，说："我叫小七，我还有六个姐姐。她们在那石山边等我哩！"

"好吧！我送你回去吧！"他一转舵，不一会儿，就驶到山石边，轻轻地把蚌儿放下，那小姑娘和白海告别之后，就下海里去了。

白海转了舵，刚走不远，听到背后有人喊他。回头一看，原来是那小姑娘踏着水波走来，后面还跟着六只蚌儿，每个壳里都有个姑娘，穿着五颜六色的衣服。多漂亮的姑娘啊！她们都围着渔船，个个笑吟吟的。

其中一个穿着红衣服的姑娘说："哥哥，谢谢你。我那淘气的小妹妹，不听我的话，一个人溜了出去，多亏你送她回来。我们真感谢你。你说吧！你要什么，我们都可以给你，金呀银呀，我们海底多得数不尽。"

"不！"白海笑着说，"我要这些没用处，有了金银嘛，就不想干活。倒不如每天出海走走，劳动劳动，多好啊！”

“那我们就一个人送你一颗珍珠吧！”说完，七姊妹都从头上摘下一颗亮晶晶、光闪闪的大珍珠来，送到白海跟前。白海却摇摇头说：“不！这是富人家拿来打扮用的，我们渔家是用不着的。”

那姑娘听他这么说，扑哧一声笑起来说：“富人家的珍珠怎么跟这个相比呢？你拿回去，用红丝线把它穿上，像一串珍珠项链一样。遇到有大脖子病的人，只要把项链往脖子上一戴，脖子就会缩小，病就好了。”

白海一想：“能治病可不错呀！”他想起大哥也得了大脖子病，就说了声“谢谢”收下了。

白海满心高兴地回到家里，找着哥哥白山，把项链往哥哥脖颈上一戴，哥哥的脖子果然小了，缩得像正常人一样。

这件事一传十，十传百，就传开了。有些人就筹了钱去找白海医治，果然一下子就能医好，可是白海却不肯收钱。

忽然，有一天早上，他哥哥满头大汗地跑进来说：“皇帝出了皇榜，说谁能治好他的大脖子病，可以得到万两黄金，还有大官做……”

“慢着慢着！”白海说，“让我把穷苦的要做工干活的老百姓医好再说吧，而且，我又不想做什么官。”

皇帝抢走了白海的珍珠项链，并且命人将他的眼珠挖掉，然后推下海去。

白海落海以后蚌姑娘就把他接住了。几个姑娘愤怒地游向海面，看准皇帝的龙船底，使劲地用蚌壳尖撞，把船底撞穿了，皇帝淹死了。蚌姑娘们急忙取回珍珠项链，拿起两颗大的，放进白海的眼眶里。一下子，白海就有了眼珠儿，恢复了视力。姑娘们对白海说：“以后别再用项链治病了。最好是帮助人们防止这种病的发生。取下你的腰带来吧！”

白海将腰带解下，交给蚌姑娘。只见姊妹们把剩下的五粒珍珠弄成粉末，涂在腰带上，然后一扬，腰带就变成一条老长老长的带子，在海中飘来飘去。

姑娘们说：“你回到岸上告诉大家，以后多吃点这些带子，就不会生大脖子病了。”

后来人们为了纪念白海的功劳，就把这种带子叫作“海带”。

裙带菜

扬帆破浪费封题，水天一色鸥飞低。
浩瀚碧波三万里，裙带过酒月歪西。

——《海上初食裙带菜》（清）吴明芝

一、物种本源

拉丁文名称，种属名

裙带菜（*Undaria pinnatifida suringar*）为褐藻纲海带目翅藻科裙带菜属裙带菜全草，又被称为海芥菜、海带草、海马蔺、海草、海藻。

形态特征

优质裙带菜体长、叶宽、青褐色、不带黄、干度足、无杂质。裙带菜一般高1～2米，宽50～100厘米。裙带菜藻体可分为根状物、柄和叶状体三部分，其在外形上像葵扇和裙带。裙带菜的柄是扁圆柱状的，其两侧可长出形似木耳的孢子叶。

习性，生长环境

目前，国外学者对裙带菜的栽培技术、营养与药用价值进行了较多研究，而国内关于裙带菜的研究仍然较少。

裙带菜生长于温暖的海洋中，除自然繁殖外，在我国北方沿海地区已实现规模化人工养殖的裙带菜，其已成为我国第三大栽培海藻。

二、营养及成分

裙带菜中含有多糖、蛋白质、挥发油、甘油酯、不饱和脂肪酸、甾醇、类胡萝卜素、微量元素等多种化学成分。裙带菜除含有常规蛋白质、碳水化合物、微量脂肪和膳食纤维外，还含有碘、溴、钙、维生素B_{12}、核黄素等。裙带菜中的藻胶酸、丙氨酸、甘氨酸、脯氨酸、异亮氨酸等含量都比较高，还含有一些特殊的营养成分，如亚油酸甲酯、植物醇、棕榈酸、岩藻甾醇、甘露醇等。

裙带菜的多糖含量很高，其蛋白质含量与其他褐藻相似，脂肪含量则极低。不同地域、不同生长年龄以及不同季节气候条件下生长的裙带菜的化学组成有很大差异。每100克鲜裙带菜的部分养成分见下表所列。

碳水化合物	9.2克
蛋白质	3.1克
脂肪	0.6克

三、食材功能

性味 味咸，性寒。

归经 入肝、脾经。

功能 《食鉴本草》中记载裙带菜“软坚散结，消肿利水”。裙带菜有清血、消炎的功能，有益于结核肿块、便秘、疝气肿痛、睾丸肿大等症状患者的食疗和康复。

（1）抗病毒活性

裙带菜多糖的抗病毒活性与它们的硫酸化程度密切相关。硫酸化聚阴离子化合物的抗病毒活性机理，使其能够竞争性地结合宿主细胞表面上的受体，抑制病毒进入宿主细胞，从而发挥抗病毒作用。

（2）抗炎和抗过敏

裙带菜多糖具有明显的抗关节炎的效果，其能够下调兔关节软骨细胞中环氧合酶2的表达水平，并且表现出一定的浓度和作用时间依赖性。

（3）免疫调节活性

海藻（如龙须菜、铜藻、鹿角菜等）多糖免疫活性也备受关注，然而关于裙带菜多糖的免疫调节功能的研究相对较少。少量的研究结果表明，裙带菜多糖在低浓度下就能够显著地延迟人体中性粒细胞的凋亡。

四、烹饪与加工

裙带菜常被做成具有开胃功效的凉拌菜肴，也可与其他食材一起做汤。

凉拌裙带菜

（1）材料：裙带菜、辣椒、生抽、米醋、白糖、蚝油、油辣子。

（2）做法：取半干的裙带菜，用清水浸泡后清洗几遍。锅里放适量的清水，烧开，放入裙带菜焯水（裙带菜非常容易熟，焯水时间不用太长）。取出裙带菜，稍微放凉后，与辣椒一起切段、装盘。碗里放入生抽、米醋、白糖、蚝油和油辣子，搅匀成酱汁。将酱汁倒在已装盘的裙带菜上，拌匀，即成。

凉拌裙带菜

芝麻裙带菜

（1）材料：芝麻、裙带菜、白糖、醋、盐、生抽、香油。

（2）做法：取新鲜裙带菜把中间的叶梗切除单做，余下的裙边就用水洗干净。在沸水里加入少许白糖和醋，将裙带菜焯一下水后过凉水捞出控干，稍微切一下。将大蒜捣碎成蒜泥，加入裙带菜里，再加入适量的盐、生抽酱油、醋、香油，一起拌匀，撒上芝麻即可。

芝麻裙带菜

五、食用注意

脾胃虚寒、腹泻者不宜食裙带菜。

裙带菜的传说

《西游记》中的唐僧，自出娘胎到取经，可谓历尽千难万险，死里逃生。

唐僧的父亲陈子春中了状元后，被委任为江西九江司马，他带着身怀唐僧的妻子殷凤英，误上了江洋大盗余洪的贼船，逆江而上赴九江上任。

行至途中，余洪突然在舱外大叫起来：“真古怪来，真古怪，南边有金龙在戏水，北方有鲤鱼跃龙门，请大人出舱看宝珍。”陈子春听舱外有奇景，便走出舱外问：“船家，奇景在何方？”余洪：“大人，您往船边来一点，便能看到。”等陈子春一走到船边，就被余洪一脚踢入江中。余洪走进船舱，对殷凤英实施非礼，殷凤英至死不从，在厮打过程中，动了胎气，唐僧哇哇地来到人间。而悲痛欲绝的殷凤英解开自己的裙子，将刚出生的唐僧包好，扎好裙带，投入江中，嘴里说：“苦命的儿啊，去找你的父亲吧！”

就这样，唐僧父子顺江而下，来到海龙宫后花园，被龙王三小姐发现，命虾兵蟹将将父子二人打捞上来，送上还魂床。待他俩醒来后沐浴更衣，包扎在唐僧身上的裙子被鲨鱼婆子更换下来，扔进大海，沉入海底长成裙带菜。

羊栖菜

海水海浪生海藻，天涯海角任逍遥。
入载相传神农氏，后来居上视为宝。

——《海藻》（清）江诚

一、物种本源

拉丁文名称，种属名

羊栖菜（*Hizikia fusiforme*）为褐藻纲马尾藻科马尾藻属海蒿子或小叶海藻的全藻体，也称海草、落首、乌菜、海带花、大叶藻、海蒿子、大蒿子、海根菜、小叶海藻、大叶海藻。根据海草所含的色素、形态结构和生活史的不同，分为11类，主要有褐藻、红藻、绿藻、蓝藻等，如海带属褐藻，紫菜属绿藻。羊栖菜属于比较原始的植物，它和高等植物的不同点在于，它没有真正的根、茎、叶的分化，更不会开花结果。

形态特征

羊栖菜藻体呈黄褐色，株高一般为30～50厘米，高的有200厘米左右，采用生殖细胞人工育苗经养殖后高达380厘米，藻类分为假根、茎、叶片和气囊4部分。藻体外形由于南北地理环境的不同，出现较大的差异，北方种群株枝密集，叶、气囊扁宽多锯齿；南方株枝稀长，叶、气囊呈线形或棒状。

习性，生长环境

羊栖菜大多分布在沿岸浅海或光线能透过的海水上层，利用阳光进行光合作用，把无机物转化为有机物。羊栖菜主要产于福建、广东、浙江、山东、辽宁等沿海地区，生长在浅海的岩石上。

二、营养及成分

据测定，除常规营养成分外，羊栖菜还含有藻胶酸、藻多糖、甘露醇等。每100克鲜羊栖菜的主要营养成分见下表所列。

钙	7.3克
碳水化合物	4克
蛋白质	1.9克
脂肪	0.4克
铁	92毫克

三、食材功能

性味 味苦、咸，性寒。

归经 归肝、胃、肾经。

功能 《神农本草经》中记载其“软坚、散结、消痰、利水”。海藻具有软坚散结、消痰的功效，有利于瘿瘤结肿或瘰疬结核、睾丸肿痛、疝气等症状患者的康复。

羊栖菜可以作为肥胖病人的减肥食品，因为它热量低，而且含有大量纤维素，食用少量后即有饱腹感；羊栖菜还可以作为糖尿病人的充饥食品，因为它不含糖分。

羊栖菜中含有多种微量元素，如铁、锌、硒、钙等，这些元素都与人的生理活动有着密切的联系，其中铁是人体造血功能必不可少的，锌有助于儿童的智力发育，钙可以使人的骨骼强健。而近年来的研究还表明，硒可以增强人体的免疫机能。

相关营养学实验结果表明，每天摄入20克的羊栖菜类膳食纤维能有效降低高血脂患者的血脂水平。膳食纤维的黏度越大，越能使脂肪酶、蛋白酶等消化性酶活性增强，同时对胆汁酸和胆固醇的吸附性增强，从而有利于脂肪和胆固醇的分解排泄。

羊栖菜拌豆芽

（1）材料：羊栖菜、豆芽菜、辣椒粉、食盐、酱油、白芝麻、芥末沙拉汁、白糖。

（2）做法：将豆芽菜洗净，在开水中焯熟，捞起沥干水分。将干羊栖菜泡发后焯水，捞起沥干（盐渍羊栖菜需要换泡几次水，直到味道变淡才可料理）。碗里放入辣椒粉、盐、糖，用热油浇后拌匀，再加入芥末沙拉汁，拌匀成酱汁。将豆芽菜和羊栖菜拌匀，倒入酱汁拌匀即可。

羊栖菜拌豆芽

酱豆子羊栖菜

（1）材料：羊栖菜、黄豆、生抽、老抽、砂糖、食盐。

（2）做法：将黄豆和羊栖菜洗干净，羊栖菜泡水20分钟。向锅里加入适量清水，倒入黄豆、生抽和老抽，煮到黄豆膨胀。加入羊栖菜，盖好盖子中火炖煮到汤汁减少，加入盐和砂糖。继续小火炖煮，打开盖子收汁，边收汁边搅拌，当黄豆表皮皱褶，即可食用。

酱豆子羊栖菜

五、食用注意

（1）羊栖菜含有高量的钾，慢性肾病患者食用容易引起心律不齐，肾透析患者也不宜食用。

（2）羊栖菜含有丰富的碘，能促使甲状腺功能亢进恶化，因此甲状腺机能异常者不宜食用。

（3）羊栖菜属于普林核酸类，会产生尿酸，痛风者不宜多食。

传说故事

乾隆与海藻

乾隆皇帝在位60年，活了89岁，算得上中国历史上的长寿皇帝。据野史记载，乾隆皇帝在饮食习惯上喜好食海藻，尤其喜欢吃羊栖菜烩黄豆芽。据说乾隆皇帝在驾崩之前还不忘此菜，离开人世前，膳食太监还喂了他三勺羊栖菜烩豆芽汤。

紫菜

柔丛细蹙紫罗纹，历尽冰霜亦自春。
更有一般清绝味，嚼来满鼻散芳辛。

——《题紫菜图》（明）黄仲昭

一、物种本源

拉丁文名称，种属名

紫菜（*Porphyra marginata*）为原红藻纲红毛藻目红毛藻科紫菜属海生植物边紫菜的叶状体，古时称索菜，现有别名紫英、子菜、乌菜、坛紫菜、甘紫菜、条斑紫菜。

形态特征

优质紫菜表面光滑温润，呈紫色或紫红色，有光泽，片薄、质嫩、无沙，有特别的香味，手感柔，面不潮不脆。成品紫菜有甘紫菜、圆紫菜、坛紫菜等，其颜色有紫褐、紫红、黄褐、褐绿色等。

习性，生长环境

我国沿海均有生长和栽培。

紫菜叶状体多生长在潮间带，这些区域风浪大、潮流通畅、营养盐丰富。紫菜具有光饱和点高、光补偿点低的特点，属高产作物。

二、营养及成分

紫菜中含有多种营养成分，其中蛋白质占25%～50%，是竹笋的7倍，海带的4倍，藻胆蛋白大约占紫菜干重的4%，其中藻红蛋白含量可达干重的2%以上；紫菜含20%～40%的碳水化合物，大部分为膳食纤维，含1%～3%的脂肪，7%～27%的灰分矿物质和大量的维生素等。矿物质中钙、钠、钾、镁、磷的含量很高，锰、锌、铁、碘等微量元素的含量也很高，具有极高的营养保健价值。还含有多种氨基酸和维生素U等。

紫菜蛋白富含人体必需的8种氨基酸和牛磺酸，脂肪中成分主要为二十二碳六烯酸和二十碳五烯酸，维生素包括胡萝卜素、烟酸、胆碱、肌醇等。紫菜中的营养成分通常随着藻的种类、生长时间和地点、生长期等而有所不同。每100克干紫菜的主要营养成分见下表所列。

碳水化合物	44.1克
蛋白质	26.7克
粗纤维	20.6克
灰分	13.4克
钾	1.8克
脂肪	1.1克
钠	710.5毫克
磷	350毫克
钙	264毫克
镁	105毫克
铁	54.9毫克
尼克酸	7.3毫克
硒	7.2微克
锰	4.3毫克
锌	2.5毫克
抗坏血酸	2毫克
碘	1.8毫克
铜	1.7毫克
胡萝卜素	1.4毫克
核黄素	1毫克
硫胺素	0.3毫克

三、食材功能

性味 味甘，性寒。

归经 归肺、脾、膀胱经。

功能 《本草从新》记载紫菜“消瘿瘤结块，治热气烦失咽喉”。紫菜能化痰止咳，软坚散结，利水消肿，清热利咽，养心除烦，有益于痰热互结所致的瘿瘤、瘰疬、咽喉肿痛、咳嗽、烦躁失眠、脚气、水肿、淋病、小便不利、泻痢等的康复与辅疗。

（1）抗氧化和抗衰老

科学实验表明，用沸水提取的条斑紫菜多糖可以清除超氧负离子和羟基自由基。用超声辅助提取的条斑紫菜多糖，其清除超氧负离子和羟基自由基的能力明显高于单一沸水提取的多糖，且与浓度呈较好的线性依赖关系。

（2）其他作用

从条斑紫菜中分离得到的水溶性多糖和酸溶性多糖都具有激活巨噬细胞增强免疫的作用。此外，还有研究报道紫菜多糖具有较好的抗炎症作用、抗甲I型流感病毒活性、抗辐射作用。

四、烹饪与加工

紫菜的烹饪和加工方式多种多样，凉拌、烧汤、红烧都可以，还可以加工成休闲食品。

紫菜蛋汤

紫菜蛋汤

（1）材料：干紫菜、鸡蛋、青葱、芝麻油、食盐、味精。

（2）做法：将紫菜撕成小块，用冷水发开除细沙；将鸡蛋打碎放入碗中搅匀；青葱切葱花。热锅，倒入适量开水，放入紫菜烧沸，倒入鸡蛋，加食盐、味精烧沸，出锅装碗，浇上适量芝麻油，撒上葱花即可。

紫菜包饭

（1）材料：米饭、紫菜、鸡蛋、火腿肠。

（2）做法：首先将鸡蛋煎成长饼切成条，火腿肠切成条，胡萝卜焯一下水切成条，控干水分。煮好米饭，把香油和适量盐、芝麻搅拌均匀。把寿司帘子铺在最下面，然后把紫菜均匀铺好，在紫菜上面放上米饭，均匀摊开。等到米饭铺好之后就把之前准备的材料都放上去，包好之后切成小段，放进盘子里面就完成了。

紫菜包饭

五、食用注意

胃寒阳虚、胃肠消化功能不好者应少食，腹痛便溏者不宜食用。

传说故事

紫菜包饭的由来

古时候，来天朝纳贡的高句丽使臣朴一生先生无意中发现，天朝的百姓有时候吃一种绿紫色的海水蔬菜。朴先生品尝后觉得这是人间美味，既可当作菜品，又能够填饱肚子。于是，朴先生决定把这道菜带回高句丽，然而高句丽并不产此种紫色海水蔬菜，朴先生就带了一筐生紫菜回去。高句丽距京城路途遥远，长途跋涉回到高句丽的朴一生发现，所有的生紫菜都变成了紫菜干，于是朴先生充分发挥了高句丽人民的创造力与想象力，用紫菜包着糯米饭团吃。从此，就出现了“紫菜包饭”这道美味菜肴。

龙须菜

千菊溪头话别情，君行我住两伶俜。
山中有酒招元亮，石上无禾养百龄。
狼尾屋低苔漠漠，龙须菜长水泠泠。
故乡语燕应堪听，莫放扁舟过洞庭。

——《送董炎震归攸县》（宋）乐雷发

一、物种本源

拉丁文名称，种属名

龙须菜（*Gracilaria lemaneiformis*）属于红藻纲杉藻目江蓠科江蓠属，是一种大型经济海藻。俗名有海菜、线菜、竹筒菜、海面线，上品龙须菜鲜亮，呈紫褐略带黄绿、无杂质和泥沙。

形态特征

龙须菜藻体易于分枝，藻体直立呈圆柱状，线形，藻枝折断后在截面处能够再生新枝，成熟的藻体，枝多伸长，长30～50厘米，最长可达1米。藻体新鲜时为紫红色，干燥后变为褐色、黄褐色。龙须菜的生活史是同型世代交替型，由孢子体、配子体、果孢子体三个世代组成。

习性，生长环境

龙须菜通常附着于低潮带有沙覆盖的岩石上，野生型龙须菜的最适宜的生长温度为10～23℃，北方海域夏天过高和冬天过低的水温将龙须菜的生长季节分割成春秋两季，不利于生物量的积累，也不利于龙须菜的大规模人工栽培。在我国，龙须菜垂直分布于黄海、东海及南海高潮带至潮下带，现已人工养殖。

二、营养及成分

很多学者对龙须菜藻体的组成成分进行了研究，新鲜龙须菜含水量约85.5%，干品的主要组成成分为糖类物质，而琼胶为最主要的糖类物质。除此之外还含有丰富的粗蛋白和矿物质。以气相色谱串联质谱技术分析龙须菜中有机酸提取物的组成及含量，结果表明龙须菜有机酸提取物主要为棕榈酸甲酯（61.34%），且有机酸主要是由C16或C18脂肪酸和邻苯二甲酸类等化合物组成。每100克干龙须菜的主要营养成分见下表所列。

碳水化合物	60.8克
粗蛋白	20.2克
粗脂肪	0.5克

三、食材功能

性味 味甘，性寒。

归经 归肺、脾、膀胱经。

功能 《本草纲目》记载龙须菜“清热，软坚，化痰”。龙须菜可清热，散结，利水，有益于淋巴结核（俗名“老鼠疮”）、水肿、咳嗽等症状患者的食疗和康复。龙须菜有利于甲状腺肿大、贫血、皮肤瘙痒等症的治疗，效果明显。

用龙须菜制备的琼胶在食品添加剂、保健品、医药、纺织、生物等领域应用广泛。龙须菜琼胶降解获得琼胶寡糖做生物活性的研究较广泛，众多文献报道其具有抑菌、益生元、抗氧化、抗病毒、调节免疫、抗炎、美容等方面的生物活性。

四、烹饪与加工

凉拌龙须菜

（1）材料：干品龙须菜、香菜、干红辣椒、料汁。

（2）做法：干品龙须菜用冷水泡发，撕开，洗净控水。香菜切寸段，干红辣椒切段，料汁调好备用。所有食材放入盆里，料汁倒入，拌均匀即可。

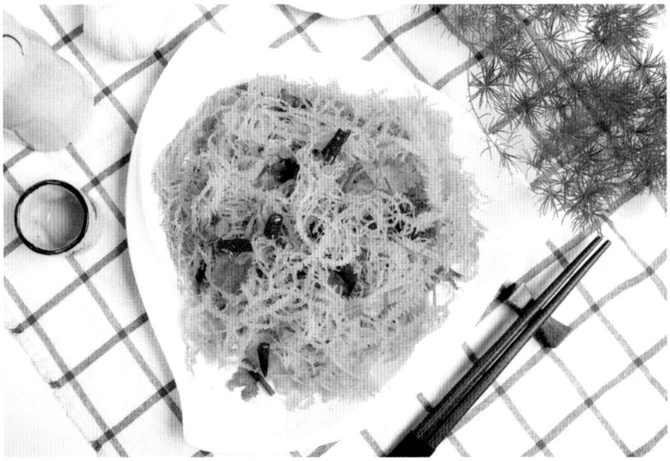

凉拌龙须菜

五、食用注意

（1）脾胃虚寒者不宜多食。

（2）本品含钙量高达2.56%，服用四环素类药物及红霉素、甲硝唑、西咪替丁时不宜食用。食物中的钙元素能和四环素类药物结合形成不溶性的螯合物，和红霉素、甲硝唑、西咪替丁药物结合形成沉淀，影响药物的吸收而降低疗效。

（3）服用左旋多巴时不宜食用。服用左旋多巴不宜食用高蛋白食品，因为高蛋白食物在肠内可产生大量阻碍左旋多巴吸收的氨基酸，降低药物的疗效，龙须菜蛋白质含量高达20.3%，故服用左旋多巴时不宜食用。

传说故事

龙须菜名字的由来

有一年，山东青州闹水灾，老百姓没有吃的，张州官便向朝廷写奏章，请求放粮。皇帝看后，决定亲自到青州察看民情。张州官听说后，急得团团转，皇帝来这里，吃什么呢？他为此操碎了心。

一天，他走到院子里，看到小儿子正拿着像葱须一样的海草边吃边玩，心里一亮，赶紧到屋里跟夫人说："你去把孩子手上像葱根上的根须的东西要下来，再洗一洗，洗干净后再给我。"夫人照他的话做了。张州官把洗干净的海草拌上佐料，放在一个漂亮的盘子里。

皇帝来了，吃饭之时，张州官就把那盘菜端了出来。皇帝从没见过这样的菜，就问这是什么菜。张州官恭恭敬敬地回答："这叫龙须菜。"皇帝说："龙须菜？我怎么没有听说过。"州官又说："这是我们这儿海里的特产。"皇帝一尝，味道不错。一会儿，一盘龙须菜就吃光了。皇帝又问："还有没？"张州官说："没了。这个菜要九年才长一次，万岁运气好，正好碰到了。"州官怕皇帝识破，就扯了这样一个谎。从此，这海草就被叫作"龙须菜"。

石花菜

浪摇石花菜，潮退岩上晒。
捡来入中厨，和饭缠五采。

——《石花菜》（明）周顺明

一、物种本源

拉丁文名称，种属名

石花菜（*Gelidium amansli*）为红藻纲石花菜目石花菜科石花菜属的藻体，又称海冻菜、石华、海菜、琼枝、草珊瑚、红丝、凤尾、大本、小本、牛毛菜、鸡毛菜、冻菜。

形态特征

石花菜多为紫红色或黄绿色，呈不规则叉分枝软骨质。常有圆锥形突起，两缘密生羽状小枝，枝之间相互附着形成团块状，皮层表面呈四分孢子囊层形分裂。

习性，生长环境

石花菜多生长于海潮线附近碎珊上及低潮线阴暗的石缝中，在我国多分布于广东、海南岛沿岸及山东等沿海区域。

二、营养及成分

据测定，石花菜中琼胶、多糖、黏液汁、卤化物、硫酸盐等含量较高。每100克石花菜干品的主要营养成分见下表所列。

碳水化合物	68.9克
灰分	6克
蛋白质	5.4克
脂肪	0.1克

钠	380毫克
磷	209毫克
钙	167毫克
钾	141毫克
硒	15.2毫克
镁	15毫克
尼克酸	3.3毫克
铁	2毫克
锌	1.9毫克
核黄素	0.2毫克
铜	0.1毫克
硫胺素	0.1毫克

三、食材功能

性味 味甘、咸，性寒、滑。

归经 归肝、肺经。

功能 《日用本草》中记载："清肺化痰、清热燥湿、滋阴降火、凉血止血。"石花菜，清肺部热痰、导肠中湿热，对阴虚湿热、痔血等症状的患者康复效果明显，并有防暑解毒功效。

石花菜含有丰富的矿物质和多种维生素，尤其是它所含的褐藻酸盐类物质具有降压、降脂功能，对高血压、高血脂有一定的预防作用。

石花菜能在肠道中吸收水分，使肠内容物膨胀，增加大便量，刺激肠壁，引起便意。所以，经常便秘的人可以适当食用一些石花菜。

石花菜的最佳采集时间为冬天。干制石花菜食用前需要泡发、清洗、焯水；现在市面上也有很多的腌制即食石花菜。

凉拌石花菜凉粉

（1）材料：石花菜、白醋。

（2）做法：取石花菜，把杂质拣出来，用水洗几遍。将洗净的石花菜放到锅里加入白醋翻炒一下，加一点点水，石花菜稍微变软即可。将石花菜倒入高压锅并加入足量水。用时大约1.5小时，把锅里压好的汁水过滤到干净的盆里，放到一边不要动，等冷却后它就会慢慢地凝固。将剩下的渣子放在锅里再重新加入足量的水，因为已经熬制一遍了，第二次用水一定要减量，压制1.5小时以上，再过滤倒入盆里。用刀把凉粉切成小块儿，淋上喜欢的调味料就可以了。

石花菜凉粉

凉拌石花菜凉粉

五、食用注意

石花菜与羊栖菜有一些共同的营养特点，石花菜食用注意事项参见“羊栖菜食用注意事项”。

传说故事

石花菜凉粉的传说

把石花菜做成凉粉的技艺，已有两千年的历史。相传最早发现石花菜凉粉做法的人是崂山的一个道士。当年秦始皇派人寻找长生不老药时，曾专门到过崂山。崂山一道士知道海里有种水草，有长生不老的功效，即拿这种水草熬制成一道点心呈给秦始皇，秦始皇尝后颇为喜爱。这种水草就是石花菜。

受过秦始皇的褒奖，这道凉粉也渐渐在当地的百姓间流行起来。当地人也始终坚信石花菜真的能让人长寿，所以称之为“长寿菜”。后《本草纲目》里收录了石花菜具体的功效：“清肺部热痰，导肠中湿热，阴虚湿热、痔血等症，皆可用之。”虽石花菜并非真能让人长寿，但可以清热祛湿，解暑解乏。

地耳

野老贫无分外求，每将地耳作珍馐。
山晴老仆还堪拾，客到明朝更可留。
人世百年闲自乐，山斋一饭饱还休。
曲肱偶得同疏食，不是乾坤又孔丘。

——《拾地耳》（明）庄昶

一、物种本源

拉丁文名称，种属名

地耳（*Nostoc commune*）为蓝藻纲念珠藻目念珠藻科念珠藻属地耳的子实体，学名普通念珠藻，又名地软、地木耳、地皮菜、野木耳、地见皮、地钱、岩衣、天仙菜、地踏菰、地踏菇、地踏菜、圣菜儿、鼻涕肉等。

形态特征

地耳是一类不具有分支但有异形胞的丝状蓝藻。幼体开始呈球形，逐渐扩展为扁平皱褶膜状或波状片体。植物体无固定形状，生长时向四周延伸，宽可达数厘米至数十厘米。常见颜色为蓝绿色、橄榄绿或褐黄色。藻丝延长缠结，形成外胶，吸水变大，其外形如木耳。

习性，生长环境

陆生，广泛分布于世界各地，一般在春夏多雨季节生长在低洼潮湿的土壤、岩石、砂石、砂土、草地、田埂以及近水堤岸上。遇干旱会失水呈薄脆状，复水即可再次生长。地耳也能固氮，耐寒冷，在南极都有生存。

二、营养及成分

地耳中不仅蛋白质和多糖含量丰富，还含有多种人体必需的微量元素。地耳中粗蛋白含量为25%～27%，这一数值超过海带、紫菜等海藻中的粗蛋白含量，也比香菇、草菇等食用菌的粗蛋白含量高。经测定，地耳中的氨基酸主要有天门冬氨酸、苏氨酸、谷氨酸、甘氨酸、丙氨酸、缬氨酸、异亮氨酸、亮氨酸和精氨酸。

地耳的含糖量超过21%，主要种类有海藻糖、蔗糖、半乳糖、葡萄糖、果糖、木糖、鼠李糖、岩藻糖等。

三、食材功能

性味 味甘，性寒。

归经 归肝、大肠经。

功能 《本草纲目》记载地耳可以“补心清胃，益精悦神”。《中国医学大辞典》中记载其可以“明目益气，令人有子”。此外，还可以用作治疗目赤红肿、久痢脱肛、夜盲症等病症；还有学者认为地耳可以作为药用成分治疗神经性疾病。

地耳是低脂肪食材，糖尿病、肥胖患者极为适合食用。它含有丰富的蛋白质及微量元素，能为人体提供多种营养成分，具有补虚益气、滋养肝肾作用，亦有辅助降压之功效。现代药理研究表明，地耳具有增强免疫的作用。

（1）抗衰老作用

超氧化物歧化酶（SOD）广泛存在于需氧代谢细胞中，是保护酶系统中的关键酶，能清除活性氧自由基而起保护细胞的作用。研究人员测定过采自山西和陕西6个不同地区地耳中的SOD酶活，结果表明，地耳样品中的SOD平均酶活达到6500国际单位/克，最高酶活超过9600国际单位/克。

（2）免疫调节作用

有研究人员应用免疫学细胞技术研究地耳多糖对大鼠呼吸道及全身免疫功能的影响。结果表明地耳多糖能作用于机体的免疫器官和免疫细胞，促进淋巴细胞的分化与成熟，此外还能增强中性粒细胞的吞噬功能，从而提高机体抗细菌感染能力。

（3）对心血管系统的作用

有研究发现地耳对在体和离体蟾蜍心脏有先兴奋后抑制的作用，

剂量过大可致心脏纤颤，而使心跳停止。对麻醉犬有一定降压作用，能加强离体兔肠收缩，浓度过高可致痉挛，与乙酰胆碱有一定的协同作用。

（4）抗微生物的作用

研究人员以水提法提取地耳多糖，再将提取的多糖配制成每毫升100毫克的多糖溶液，进行抑菌实验。结果表明，地耳多糖对大肠杆菌、枯草芽孢杆菌、粘质沙雷细菌、黑曲霉和假丝酵母均具有较好的抑制作用，其对大肠杆菌、枯草芽孢杆菌和粘质沙雷氏菌的最小抑菌质量浓度分别为50、50、25毫克/毫升，对黑曲霉和假丝酵母的最低抑制质量浓度为100毫克/毫升。

四、烹饪与加工

地耳目前仍为野生食材，尚未有人工栽培。从野外采集的地耳中含有大量杂质，需要作进一步的处理方可食用。

炒地耳

（1）材料：干地耳、干红辣椒、青蒜、蚝油、食用油、食盐。

（2）做法：地耳先用冷水泡发，洗净后沥水备用。青蒜切段，干红椒切段备用。坐锅烧油，小火将红椒段煸香，接着转大火倒入地耳爆炒。跟着下青蒜拌到一起快速翻炒。炒匀后调盐淋蚝油即可。

炒地耳

地耳炒鸡蛋

（1）材料：地耳、鸡蛋、料酒、白砂糖、食盐、香葱、生抽。

（2）做法：干地耳泡发洗净沥干；鸡蛋打散放入料酒、1小勺温水搅打均匀，入油锅中用筷子快速划散炒成细碎桂花状倒出备用；锅中倒入适量油，放入葱白炒香；加入地耳翻炒片刻，加入生抽、盐、糖翻炒均匀，再倒入鸡蛋翻炒均匀，洒入香葱碎，出锅装盘。

地耳炒鸡蛋

五、食用注意

凡脾胃虚寒、大便不实者慎食地耳。

地耳的传说

地耳又名“地踏菜”。

据说，“地踏菜”是被踩碎的驴皮。相传，牛魔王的妻子铁扇公主与“八仙之一”的张果老有私情。

一日，张果老与铁扇公主又在江苏盱眙铁槛寺山下果老洞里私会。牛魔王回芭蕉洞寻铁扇公主未果，便腾云驾雾来到果老洞前，见张果老的坐骑小毛驴安闲地在草地上啃草，道情筒和芭蕉扇放在果老洞外。

牛魔王认定张果老与铁扇公主又在洞中幽会，便气愤地上前抓住小毛驴，从前往后一撕，将小毛驴的皮剥了下来，放在脚下，将驴皮踩得稀碎后，用力将驴皮一踢，再用芭蕉扇一扇，飞向四面八方的碎驴皮纷纷落在荒山野岭的草丛中。

从此，张果老的碎驴皮经晴天太阳一晒休眠，雷雨之后，碎驴皮便纷纷舒展，水灵灵的活灵活现，这便是现在的野生蔬菜地耳。

发菜

枸杞实垂墙内外，骆驼草耿路高低。
沙蒿五色斓如锦，发菜千丝柔似薏。
比屋葡萄容客饱，上田婴奥任儿吃。
朔主天府须栋梁，蓬转于思复而思。

——《咏宁夏属植物》（民国）
于右任

一、物种本源

拉丁文名称，种属名

发菜（*Nostoc flagelliforme*）为蓝藻纲念珠藻目念珠藻科念珠藻属的藻体，又名地毛、头发菜、发藻、大发丝、地耳筋、毛菜、仙菜、竹筒菜、粉菜、龙须菜、黑金菜、净池毛，以新鲜呈蓝绿色或橄榄色，风干后变成乌黑带有光泽、丝发柔韧，形如一团团头发者为佳。发菜野生种较稀少，现为国家保护物种，本书涉及的发菜为人工培植的。

形态特征

藻体毛发状，平直或弯曲，棕色，干后呈棕黑色。往往许多藻体绕结成团，最大藻团直径达0.5毫米；单一藻体干燥时宽0.3~0.5毫米，吸水后黏滑而带弹性，直径可达1.2毫米。藻体内的藻丝直或弯曲，许多藻丝几乎纵向平行排列在厚而有明显层理的胶质被内，单一藻丝的胶鞘薄而不明显，无色。发菜细胞呈球形或略呈长球形，直径4~6微米，内含物显蓝绿色。发菜异形胞端生或间生，球形，直径为5~7微米。广东人取"发财"的谐音而写成"发菜"，在农历新年的广东菜式中极为常见。

习性，生长环境

发菜是高原特有的野生陆地藻类生物，因形似人的头发而得名，纤细如发丝，俗称头发菜。青海的湟水、黄河东部流域的脑山山坡、沟壑地段和牧区草原分布较多，每年夏末秋初为发菜的盛产期，3~4月份也有生产。可以说，阴雨天气是发菜生长的最佳气候，湿润是发菜丰产的条件。

二、营养及成分

作为陆生藻类，发菜的营养价值是非常高的。发菜是高蛋白食材，同时发菜中的碳水化合物的占比也很高，但其粗脂肪含量又很低，也因此有着山珍“瘦物”之称。同时发菜中还含有海胆酮、蓝藻叶黄素、藻蓝素和别藻蓝素等成分，以及钙、磷、铁等人体必备元素，与同量的肉类与蛋类食材比起来，发菜的营养成分显然更高。

据测定，发菜还含有维生素B_1、胡萝卜素等多种维生素，同时发菜还含有19种氨基酸以及人体所需的8种必需氨基酸。还含有人体日常所需的钙、铁、锌、镁、磷、碘等20多种微量元素。每100克发菜干品的主要营养成分见下表所列。

碳水化合物	56克
膳食纤维	21.9克
蛋白质	20.3克

三、食材功能

性味 味甘，性寒。

归经 归肝、肾、肺、胃、膀胱经。

功能 在《中国中药资源志要》中也有记载：“补血和中，潜阳利水，化痰止咳。”发菜，有清热解毒、活血化瘀、顺气、理肺、止咳之效，有益于佝偻病、小便不利、浮肿、食滞不化、脘腹胀满、咳嗽多痰和冠心病、肝阳上亢所致眩晕、咯血、失眠等症状患者的食疗和康复。

（1）抗氧化作用

自由基参与人体的各种生命活动和代谢反应，影响机体衰老的快慢，研究清除体内自由基的物质，对药物发展有重大意义，一些学者研究出糖蛋白即为此种活性物质。研究人员从发菜当中提取到了相关物质，并证明了发菜有很强的抗氧化作用。

（2）增强免疫功能的作用

免疫系统是动物体内重要的天然保护屏障，很多学者在发菜当中发现了相关物质，可以增强小鼠体内体外免疫，维持体内免疫环境的稳定和抵抗一些病原的侵入，从而增强免疫抵抗力。

四、烹饪与加工

发菜产于干旱的荒漠，购买的发菜食材往往是干制品，食用前需用水将其泡开，一般泡4个小时左右，然后洗净、加工。

发菜蛋汤

（1）材料：发菜、鸡蛋、植物油、食盐。

（2）做法：洗净发菜，挤干水分，鸡蛋磕入碗中放少许盐打匀，起锅加入适量的水烧开，倒入发菜，水开后迅速倒入蛋液搅拌。加一点植物油，关火后加点盐调味，盛到汤碗里。

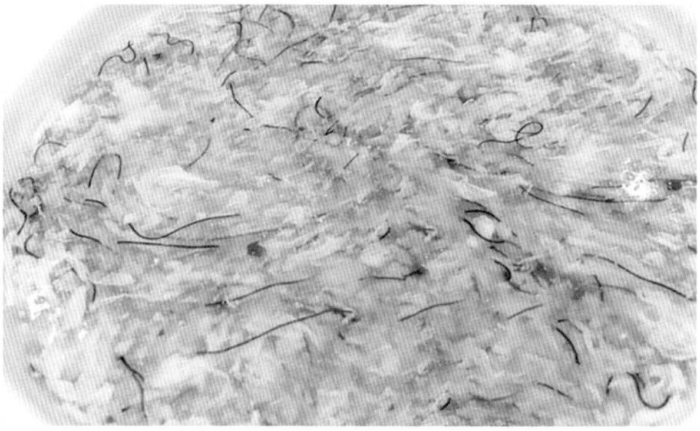

发菜蛋汤

发菜鱼丸

（1）材料：鲜鱼肉末、发菜、香菜、麻油、玉米油、生粉、食盐、白砂糖、胡椒粉、蚝油、鱼露。

（2）做法：购买或自制鲜鱼肉末，发菜用水泡发好，滤去水分。在鱼肉末里放入发菜，同一方向拌均匀；再把盐、糖、胡椒粉、蚝油、鱼

发菜鱼丸

露放在鱼肉里，拌匀；加入少许麻油，搅拌；最后加入生粉，也是同一方向拌匀。将拌匀的鲜鱼肉末团摔打至有弹性，待用。取锅，加适量的水煮沸；在沸水里加少许的食盐、玉米油，把鲜鱼肉末做成肉丸状，放沸水内煮至熟透浮起，关火。把发菜鱼丸盛入碗内，放上香菜，把煮鱼丸的水倒在碗内，加点蚝油、麻油、鱼露，即可食用。

五、食用注意

发菜性寒，平素脾胃虚寒、大便溏薄之人忌食，凡患风疹、痹痛、内伤等病症者慎食。

传说故事

发菜的由来

相传，宋朝三关元帅杨景和双天官寇准，遭奸贼王强陷害而病，三军中几位名医都不知他们患的是什么病，杨景的师父任道安云游到此，闻知徒弟患病，便急忙赶来救助。

任道安不仅精通兵书战策，而且医术超群，切脉后说道："治这种病需用36味稀缺草药，还要用龙须凤发做药引子。"

"龙须凤发"是指皇帝的胡须和女皇的头发，到哪里去找呢？任道安想了想说，八贤王的胡须可以代替当今万岁的胡须，八贤王听罢，立刻剪了自己的胡子送来。任道安又说，中原没有女皇，得到大辽，把萧太后头顶的红发剪下三根来最宜。众人一听，要取敌国女皇的头发，这比虎口拔牙还难。忽然孟良跳到佘太君面前说："我去盗凤发，你们尽管放心。"孟良经过长途跋涉，历经千辛万苦，百般周折，终于盗来三根凤发。

任道安取出他从深山里采来的36味药，亲手煎熬，然后将凤发和龙须化成灰，调进药汤，杨景和寇准喝了汤药，到了晚上，二人就病体痊愈。

后来，这件事感动了天帝，天帝令仙女每人献一根青丝投放人间，第二天，在杨景军营附近长出了许多像头发一样的发菜。

鹿角菜

东瀛潮岩鹿角芽，天赐良肴玉盘载。
蒸煮烩炒斋膳美，众口一词天颜开。

——《鹿角菜》（明）刘基

一、物种本源

拉丁文名称，种属名

鹿角菜（*Chondrus ocellatus*）为圆子纲鹿角菜目鹿角菜科鹿角菜属生鹿角菜藻体的全藻，又名鹿角豆、鹿角棒、山花菜、赤菜、鹿角、海萝、纶、猴葵。鹿角菜野生种较稀少，现为国家保护物种，本书涉及的鹿角菜均为人工培植。

形态特征

鹿角菜藻体骨小，软骨质，叉状分枝角度较宽，生长托是长角果形。鹿角菜呈紫红色，高4～10厘米，盘状不规则的叉状分枝藻体。

习性，生长环境

鹿角菜多生长在中潮带和高潮带下部岩石上，常是丛生成群成片生长，长三四寸，分叉像鹿角，故而得名。我国沿海北起辽东半岛，南至台湾基隆、雷州半岛的硇州岛均有分布。

二、营养及成分

据测定，鹿角菜含钾、钙、钠、碘、硒、磷、锰、锌、镁等微量元素，黏质液中还含半乳糖、二甲基缩醛、琼脂二糖及牛磺酸等。每100克鲜鹿角菜的主要营养成分见下表所列。

褐藻酸	27.8克
碳水化合物	8.2克
蛋白质	3.9克

甘露醇	2.7克
脂肪	0.3克
矿物质	0.3克
粗纤维	0.2克
碘	49毫克
维生素B_2	0.2毫克
维生素B_1	0.1毫克

三、食材功能

性味 味甘，性寒。

归经 归肺、脾经。

功能 《食性本草》中记载为“消肿，化痰，清热”。鹿角菜软坚散结、镇咳化痰、清热解毒，对劳热、痰结、痞积、痔疾等症状患者的食疗效果不错。

（1）免疫活性

鹿角菜中可提取岩藻多糖，以岩藻多糖灌胃小鼠的实验表明，岩藻多糖可以通过促进巨噬细胞的增殖，增强其吞噬活性以及促进一氧化氮的释放来激活巨噬细胞，从而增强免疫活性。一氧化氮是腹腔巨噬细胞产生的一种重要的效应分子，在宿主防御微生物的过程中负责调控细胞凋亡。人体内多种细胞均可以产生一氧化氮，激活后的巨噬细胞可释放一氧化氮，其对真菌入侵的杀伤，消除炎症损伤有重要作用，发挥杀伤靶细胞的效应。

（2）抗病毒活性

有研究报道岩藻多糖经硫酸修饰后表现出抗病毒活性，岩藻多糖的抗病毒作用受到关注。

四、烹饪与加工

凉拌鹿角菜

（1）材料：鹿角菜、生姜、生抽、香醋、白糖、精盐。

（2）做法：用清水搓洗干鹿角菜，去掉杂质。将清洗干净的鹿角菜用清水浸泡，浸泡约5小时。将生姜切丝，大蒜拍碎后切粒。淘洗鹿角菜后切长段，盛入干净容器里，撒上姜丝拌匀。倒入一汤匙香醋、少许精盐、一汤匙生抽、适量白糖，撒上蒜粒，调匀即可。

凉拌鹿角菜

五、食用注意

脾胃虚寒者不宜食用。

传说故事

鹿角菜的传说

传说，古时候，雌鹿像雄鹿一样，都长有长长的角，而现在为什么不见雌鹿像雄鹿一样长角呢？

原来，一个姓陆名善的青年小伙子，长年在东海打鱼为生。一天，陆善从集市卖完鱼回港，走到滩涂的草荡，见一只饿狼在追扑一只怀胎的母梅花鹿。他连忙除去扁担两头的鱼筐，拿起扁担赶跑了饿狼，救下怀胎的母鹿。此时人鹿相安无事，陆善回港，母鹿觅食。

当夜，陆善做了一梦，母鹿对陆善说："你救了我母子，无以为报，我已把我头上的角插在海滩东山潮带下部岩石边，你在打鱼的闲暇时候，可将鹿角长出的东西取来，既可以自己食用又可上集市卖。"说毕，对陆善磕了三个头，钻进草丛中不见了。

当陆善醒来时，天已大亮，他出海打鱼，适逢退潮时，潮带下岩石上长满了紫红色像带血的鹿角的海草，这便是鹿角菜。所以现在的母鹿都不见有像雄鹿一样的长角。

参考文献

[1] 陈寿宏. 中华食材［M］. 合肥：合肥工业大学出版社，2016.

[2] 王立泽. 食用菌栽培［M］. 合肥：安徽科学技术出版社，2000.

[3] 苗明三，王晓田. 中国中医食疗［M］. 太原：山西科学技术出版社，2017.

[4] 南京中医药大学. 中药大辞典（第2版）［M］. 上海：上海科学技术出版社，2014.

[5] 《线装经典》编委会. 中国经典民间故事［M］. 昆明：晨光出版社，2016.

[6] 胡爱军，郑捷. 食品原料手册［M］. 北京：化学工业出版社，2012.

[7] 戴玉成，杨祝良. 中国五种重要食用菌学名新注［J］. 菌物学报，2018，37（12）：1572-1577.

[8] 戴玉成，周丽伟，杨祝良，等. 中国食用菌名录［J］. 菌物学报，2010，29（1）：1-21.

[9] 李潇卓. 食用菌食品的营养价值及保健功能探讨［J］. 食品安全导刊，2020（15）：83-84.

[10] 杨超. 探讨食用菌在烹饪中的应用［J］. 食品安全导刊，2015（21）：125.

[11] 贾乐，张建军. 侧耳属食用菌多糖的研究进展［J］. 微生物学杂志，2015，35（4）：1-6.

[12] 樊艺勇. 平菇多糖对运动员免疫功能的影响［J］. 中国食用菌，2020，39（5）：219-221.

[13] 麦丽开木·吾买尔. 香菇栽培技术 [J]. 农业开发与装备，2015，6.

[14] 陈静，李巧珍，宋春艳，等. 香菇多糖提取纯化、生物活性及构效关系研究进展 [J]. 上海农业学报，2021，37（5）：144-150.

[15] 朱勇辉，于笛. 草菇保健功能研究进展 [J]. 现代食品，2021（16）：104-106.

[16] 何焕清，肖自添，彭洋洋，等. 草菇栽培技术发展历程与创新研究进展 [J]. 广东农业科学，2020，47（12）：53-61.

[17] 刘学成，马昱阳，贾凤娟，等. 茶树菇的营养成分和保健功能及产品开发研究进展 [J]. 中国食用菌，2019，38（10）：1-4.

[18] 王桂林，杨宇，李国辉，等. 金针菇多糖生物活性研究进展 [J]. 中国食用菌，2021，40（12）：10-13+18.

[19] 李勇，厉芳，樊继德，等. 我国金针菇工厂化生产的现状、存在问题及对策 [J]. 食药用菌，2021，29（2）：96-100.

[20] 谭一罗，杨和川，苏文英，等. 金针菇活性成分及药理活性研究进展 [J]. 江苏农业学报，2018，34（5）：1191-1197.

[21] 赵香娜，胡亚平，张鹏，等. 蜜环菌的特性及其对天麻生长的影响 [J]. 中国果菜，2016，36（6）：57-59.

[22] 马静，邱彦芬，岳诚. 毛木耳食药用价值述评 [J]. 食药用菌，2019，27（5）：312-315.

[23] 刘文贺，苏玲，王琦. 不同产区黑木耳中营养成分比较分析 [J]. 北方园艺，2020，（5）：121-128.

[24] 李田田，黄梓芮，潘雨阳，等. 树舌灵芝化学成分分析及其多糖、三萜组分的抗氧化活性 [J]. 食品工业科技，2017，39（19）：63-66+73.

[25] 陈惠中，许俊霞. 餐桌上的中药——灵芝 [M]. 北京：金盾出版社，2015.

[26] 周聪，蔡盼盼，陈青君. 美味蘑菇子实体营养品质分析 [J]. 中国农学通报，2019，35（13）：140-145.

[27] 杨水莲，聂健，叶运寿，等. 巨大口蘑的研究现状及前景展望 [J]. 安徽农业科学，2016，44（10）：9-12.

[28] 吕彩莲. 野蘑菇菌丝体培养条件的研究 [D]. 呼和浩特：内蒙古农业大

学，2011.

［29］ 彭阳翔，羊晨，王梦琦，等. 不同光质对黑皮鸡枞菌子实体生长发育及营养成分的影响［J］. 湖南农业学报，2019，(9)：27–30.

［30］ 余玲. 福建省红菇遗传多样性的分子分析［D］. 福州：福建农林大学，2013.

［31］ 李陈晨，赖凤羲，夏永军，等. 正红菇多糖提取物的化学组成及细胞免疫活性［J］. 食品与发酵工业，2020，46（9）：115–121.

［32］ 杨俊森，戴祥鹏，段俊英，等. 冬菇（Flammlia velutipes）生理活性物质的研究–Ⅱ冬菇菌丝多糖的提取、纯化及理化性质［J］. 中国林副特产，1990（1）：2–5.

［33］ 李石军. 房县小冬菇中香菇多糖的精制、结构鉴定和体外抗肿瘤活性研究［D］. 武汉：华中科技大学，2011.

［34］ 李云. 珍稀共生食用菌松口蘑研究进展［J］. 安徽农业科学，2007（15）：4468–4470.

［35］ 文飞，赵敏，罗开源，等. 猴头菇的功能特性及加工技术研究进展［J］. 江苏调味副食品，2020（1）：4–7+29.

［36］ 韩德承. 滋阴补益话银耳［J］. 家庭医学，2016（11）：42.

［37］ 李曦，邓兰，周娅，等. 金耳、银耳与木耳的营养成分比较［J］. 食品研究与开发，2021，42（16）：77–82.

［38］ 万华涛，周彬. 石耳多糖对小鼠免疫功能影响的初步研究［J］. 唐山师范学院学报，2007（2）：46–49.

［39］ 岳诚，邱彦芬，马静. 竹荪化学成分及药理作用研究进展［J］. 食药用菌，2019，27（1）：4.

［40］ 葛琦. 金蝉花成分分析及多糖抗氧化活性研究［D］. 镇江：江苏大学，2019.

［41］ 邢诒炫，曾俊，吴翔宇，等. 三种热带经济海藻养殖现状与应用前景［J］. 海洋湖沼通报，2019（6）：112–120.

［42］ 艾丽丝，林圣楠，但阿康，等. 五株海藻次级代谢产物化学筛选［J］. 中国酿造，2020，39（6）：69–74.

［43］ 李红艳，李晓，王颖，等. 三种大型褐藻营养成分分析与评价［J］. 食品

与发酵工业，2020，46（19）：222-227.

［44］ 李红艳，王颖，刘天红，等. 裙带菜孢子叶营养成分分析及品质评价［J］. 南方农业学报，2018，49（9）：1821-1826.

［45］ 郑晓丽，阎利萍，左吉卉，等. 羊栖菜提取物的体外抗氧化活性及降低小鼠餐后血糖作用［J］. 现代食品科技，2020，36（6）：33-39.

［46］ 杨贤庆，黄海潮，潘创，等. 紫菜的营养成分、功能活性及综合利用研究进展［J］. 食品与发酵工业，2020，46（5）：306-313.

［47］ 张清芳，冯颖琪，温金燕，等. 光照强度和氮营养盐浓度对龙须菜生理代谢的影响［J］. 中国水产科学，2017，24（5）：1065-1071.

［48］ 崔明晓. 大石花菜多糖的分离、结构表征及其抗炎活性研究［D］. 上海：上海海洋大学，2019.

［49］ 夏顺升，沈泳，黄元庆. 普通念珠藻与发状念珠藻的部分营养成份分析及其开发价值的研讨［J］. 宁夏医学杂志，1990（5）：264-266.

［50］ 焦文冬. 发状念珠藻与集胞藻、小球藻的营养成分及在盐胁迫下Rubisco基因表达的比较［D］. 西安：陕西科技大学，2016.

［51］ 盛家荣，范会钦. 普通念珠藻的应用研究及展望［J］. 广西师范大学学报（自然科学版），1993（3）：60-63.

［52］ 宋海燕. 鹿角菜中岩藻多糖提取、分离纯化及其免疫活性研究［D］. 上海：上海海洋大学，2016.

图书在版编目（CIP）数据

中华传统食材丛书.菌藻卷/章建国主编.—合肥：合肥工业大学出版社，2022.8
ISBN 978-7-5650-5123-4

Ⅰ.①中… Ⅱ.①章… Ⅲ.①烹饪—原料—介绍—中国 Ⅳ.①TS972.111

中国版本图书馆CIP数据核字（2022）第157753号

中华传统食材丛书·菌藻卷
ZHONGHUA CHUANTONG SHICAI CONGSHU JUNZAO JUAN

章建国 主编

项目负责人 王 磊 陆向军
责任编辑 刘 露
责任印制 程玉平 张 芹
出 版 合肥工业大学出版社
地 址 （230009）合肥市屯溪路193号
网 址 www.hfutpress.com.cn
电 话 理工图书出版中心：0551-62903004
营销与储运管理中心：0551-62903198
开 本 710毫米×1010毫米 1/16
印 张 13.5 **字 数** 187千字
版 次 2022年8月第1版
印 次 2022年8月第1次印刷
印 刷 安徽联众印刷有限公司
发 行 全国新华书店
书 号 ISBN 978-7-5650-5123-4
定 价 118.00元

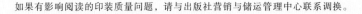